漫

了凡四训

郁海彤 主编

华龄出版社
HUALING PRESS

图书在版编目（CIP）数据

漫话了凡四训 / 郁海彤主编 . -- 北京 : 华龄出版社，2024.1

ISBN 978-7-5169-2686-4

Ⅰ . ①漫… Ⅱ . ①郁… Ⅲ . ①《了凡四训》—少儿读物 Ⅳ . ① B823.1-49

中国国家版本馆 CIP 数据核字 (2024) 第 001525 号

策划编辑	吕玉萍	**责任印制**	李未圻
责任编辑	郑　雍	**装帧设计**	韩海静

书　　名	漫话了凡四训	**作　　者**	郁海彤
出　　版 **发　　行**	华龄出版社 HUALING PRESS		
社　　址	北京市东城区安定门外大街甲 57 号	**邮　　编**	100011
发　　行	（010）58122255	**传　　真**	（010）84049572
承　　印	三河市南阳印刷有限公司		
版　　次	2024 年 1 月第 1 版	**印　　次**	2024年1月第1次印刷
规　　格	710mm x 1000 mm	**开　　本**	1/16
印　　张	12	**字　　数**	123 千字
书　　号	ISBN 978-7-5169-2686-4		
定　　价	59.00 元		

角色介绍

主要人物

袁了凡

原名袁黄，字庆远，初号学海，后改了凡，世称了凡先生。明代思想家，浙江嘉兴府嘉善县人。

袁俨

袁俨，字若思。嘉兴人。袁了凡的儿子。

云谷禅师

明朝时期僧人，俗姓怀，法名法会，号云谷，出生于浙江省嘉善县胥山镇，二十五岁时出家，研究禅宗，很精深，开示了袁了凡，被推为中兴禅宗的祖师。

孔先生

明代著名易学家，原名杨向春，字野崖，云南人，因修孔仙桥，改号孔道人。他博学多识，广泛研读经史，爱好性命之学，得邵子先天皇极数理真传，擅长预言。

次要人物

郁海谷先生

私塾先生，在沈友夫家开馆，是袁了凡表哥的好朋友。

费锦坡

袁了凡的同学。

丁敬宇

袁了凡的同学。

冯开之

冯梦祯，字开之、具区，晚号真实居士，浙江秀水（今嘉兴）人。明代诗人、佛教居士。

李霁岩

冯开之的朋友，为人正直、诚实，又很守信用，是个有益的朋友。

赵裕峰

赵裕峰，名叫光远，山东省冠县人，未满二十岁之前，在乡试时就考中了举人，但是屡次上京参加会试，都未能登上科第。

钱明吾

嘉善县名士，曾在朝廷做官，退休后办私塾做教书先生。

张畏岩

江阴的读书人，学问积得深，文章写得好，在当时的读书人当中很有名声。

目录

第一训

立命之学 \ 1

第二训

改过之法 \ 45

第三训

积善之方 \ 83

第四训

谦德之效 \ 157

第一训　立命之学

【经典原文】

余童年丧父，老母命弃举业[①]学医，谓可以养生，可以济人，且习一艺以成名，尔父夙心也。后余在慈云寺，遇一老者，修髯[②]伟貌，飘飘若仙，余敬礼之。语余曰："子仕路中人也，明年即进学[③]，何不读书？"余告以故，并叩老者姓氏里居。曰："吾姓孔，云南人也。得邵子[④]皇极数[⑤]正传。数该传汝。"余引之归，告母。母曰："善待之。"试其数，纤悉皆验。

【说文解字】

①举业：从前读书人学做八股文章，去考秀才举人，叫举业。

②修髯：指长须。髯，颊毛，泛指胡须。

③进学：在科举制度中，考入府、州、县学，做了生员，叫作"进学"，也叫作"中秀才"。

④邵子：即邵雍(1011—1077)，北宋哲学家、易学家，有"内圣外王"之誉。汉族，字尧夫，谥号康节，自号安乐先生、伊川翁，后人称百源先生。著有《皇极经世》等书，宋史有传。

⑤皇极数：来自《皇极经世》一书，严格说是铁板神数组成部分。分观物篇、观物内篇，合共12篇卷。将天地万物归于天数之中，以数为太极点而论事。

【古文今译】

我年少的时候父亲就去世了，母亲要我放弃考功名改学医，说学医可以赚钱养活家人，也可以救济别人，并且医术学得精可以成为名医博得声名，这也是父亲一向的心愿。后来，我在慈云寺碰到了一位老人，相貌非凡，一脸长须，看起来飘然若仙，我就很恭敬地向他行礼。这位老人对我说：“你是官场中的人，明年就可以去参加考试并考中秀才了，为何不读书呢？”我就把母亲叫我放弃读书去学医的缘故告诉他，并且请问老人的姓名，是哪里人，家住何处。老人回答说：“我姓孔，云南人。我得到了邵康节先生所精通的皇极数的真传。照注定的命数来讲，我应该把这个皇极数传给你。”因此，我就领了这位老人到我家，并将情形告诉母亲。母亲说：“要好好地善待他。”随后，请他为我推算命数，结果不论多么微细之事，竟然都非常地灵验。

国学小课堂

不为良相，愿为良医

宋代吴曾的《能改斋漫录》卷十三《文正公愿为良医》的记载，宋代名儒范仲淹，有一次到祠堂求签，问以后自己能否当上宰相，签词表明不可以。于是他又求了一签并祈祷说：“如果不能当宰相，愿意当良医”，结果签词表明还是不行。于是他长叹说：“不能为百姓

谋利造福，不是大丈夫一生该做的事。”后来，有人知道了这件事，便问他：“大丈夫立志当宰相，是理所当然的，您为什么又祈愿当良医呢？这是不是有一点太卑微了？”没想到范仲淹却回答说：“怎么会呢？古人说，‘常善用人，故无弃人，常善用物，故无弃物’。有才学的大丈夫，固然期望能辅佐明君治理国家，造福天下，哪怕有一个百姓未能受惠，也好像自己把他推入沟中一样。要普济万民，只有宰相才能做到。现在签词说我当不了宰相，要实现利泽万民的心愿，莫过于当良医。如果真成为技艺高超的好医生，那么上可以疗君亲之疾，下可以救贫贱之厄，中能保身长全。身在民间而依旧能利泽苍生的，除了良医，再也没有别的了。”

这就是后世相传“不为良相，愿为良医”的由来。那些胸怀大志的儒者，把从医作为仅次于致仕的人生选择，正是因为成为医生医治病人与儒家的经世致用（即治国平天下）的思想比较接近。

漫画小学堂

袁同学，你为什么要辍学不读书了呢？
先生，我妈妈劝我说，说学医可以赚钱养活家人，也可以救济别人，并且医术学得精还能成为名医博得声名，还说这也是我父亲的心愿。
可是，我掐指一算，你以后能考上功名啊！
果真如此？那我还是回去读书吧。
等一等！
这位先生，这位先生，你长得真像我以后的老师啊。
你说的这是什么话，我现在就是你的老师了！赶紧去学习！

【经典原文】

余遂起读书之念。谋之表兄沈称，言："郁海谷先生，在沈友夫家开馆，我送汝寄学甚便。"余遂礼郁为师。孔为余起数：县考童生[①]，当十四名；府考[②]七十一名，提学[③]考第九名。明年赴考，三处名数皆合。复为卜终身休咎，言：某年考第几名，某年当补廪[④]，某年当贡[⑤]。贡后某年，当选四川一大尹[⑥]，在任三年半，即宜告归。五十三岁八月十四日丑时，当终于正寝，惜无子。余备录而谨记之。自此以后，凡遇考校，其名数先后，皆不出孔公所悬定者。独算余食廪米[⑦]，九十一石五斗当出贡[⑧]。及食米七十余石，屠宗师[⑨]即批准补贡。余窃疑之。

【说文解字】

①童生：指明清的科举制度。凡是通过了县试、府试两场考核的学子，被称为童生。也指未考取生员(秀才)资格之前的读书人，不管年龄大小。

②府考：即府试，明、清两朝科举考试程序中，"童试"的其中一关。通过县试后的考生有资格参加府试。府试在管辖本县的府进行，由知府主持。府试通过后就可参加院试。

③提学：即"提督学政"的简称。古代专门负责文化教育的高级地方行政官，即省的最高学官。

④补廪：在明清科举制度中，生员经岁、科两试被录取者，

补了官缺，食朝廷俸禄，谓之“补廪”。

⑤贡：指贡生。科举时代，挑选府、州、县生员（秀才）中成绩或资格优异者升入京师的国子监读书的人。有拔贡、副贡、优贡之分。

⑥大尹：代指过去对府县行政长官的称呼。

⑦廪米：廪生应当领取的津贴米粮。但是到了后来，就把米折成了现钱，因此领到的都是现钱。

⑧出贡：廪生升了贡生后的称呼。也指秀才考取贡生后，便不再受儒学管教，俗称“出贡”。

⑨宗师：学台的称呼，是一种尊称。过去廪生补贡生，都由学台考定。

【古文今译】

我于是重燃了读书的念头，并同表哥沈称商量此事，表哥说：“有一个叫郁海谷的先生在沈友夫家里教私塾，我送你去他那里寄宿读书，非常方便。”于是我便拜了郁海谷先生为老师。孔先生替我推算命数：做童生时参加县考，应当会考取第十四名；府考得到第七十一名；提学考试得到第九名。到了第二年赴考后，三种考试录取的名次都与孔先生推算的符合。他又替我占卜一生的吉凶祸福，说：某年会考上第几名，某年能补上廪生缺，某年当上贡生。出贡后某年，当选为四川省的一个知县。

在任三年半，就应该要离职还乡。在五十三岁那年的八月十四日丑时，应该会寿终正寝，可惜并没有子嗣。我把孔先生的预言都记录下来并且谨记在心。从此以后，凡是碰到考试，我所考名次先后，都不出孔先生预先所算定的名次。唯独算我做廪生所应领的廪米，要领到九十一石五斗的时候才能出贡。哪里知道我吃到七十一石米的时候，学台（相当于现在的教育厅厅长）屠宗师就批准我补了贡生。因此，我私下就开始怀疑孔先生所推算的有些不灵了。

漫画小学堂

袁同学，我掐指一算，你参加县考，排14；府考71；提学第9名……从廪生到贡生，之后还能作知县，终年53，可惜没有子嗣！
!!!
这么准的吗？我不信，我要考一下试试！
县考
府考
提学
先生太准了。以后我的人生就按照先生说好的去过了！
袁了凡，你这段时间表现的不错啊，我看廪生的七十一石米已经不足以匹配你的才华了，从此以后你就去补了贡生吧。
先生，先生，这跟孔先生说的不一样啊，我还没吃到九十一石五斗，现在不能出贡啊。
我看也是，袁了凡你还是接着吃廪生的米吧，这个贡生就别出了。
先生，孔先生的也可以不准，让我出贡吧——

【经典原文】

后果为署印[1]杨公所驳。直至丁卯年，殷秋溟宗师见余场中备卷，叹曰："五策[2]即五篇奏议也，岂可使博洽淹贯[3]之儒，老于窗下乎？"遂依县申文准贡，连前食米计之，实九十一石五斗也。余因此益信进退有命，迟速有时，澹然无求矣。

贡入燕都[4]，留京一年，终日静坐，不阅文字。己巳归，游南雍[5]，未入监，先访云谷，会禅师于栖霞山中，对坐一室，凡三昼一夜不瞑目。云谷问曰："凡人所以不得作圣者，只为妄念相缠耳。汝坐三日，不见起一妄念，何也？"余曰："吾为孔先生算定，荣辱生死，皆有定数，即要妄想，亦无可妄想。"

【说文解字】

①署印：代理官职。旧时官印最重要，同于官位，故名。署，代的意思。过去署印有三种：一种叫补缺，就是这个官的缺由这个人补了。不升官，不犯法，就可以做满一任，或是接连做几任，每一任大概是三年。一种叫署缺，就是一个官缺已经有人补了，但那个补了缺的官员死了，或是别的原因不能到任，或是犯错被调职，或是手上有正在做的事一时不能离开，那他的上司就得另派一个职别差不多的官员来代替他，这就叫署缺，也可以叫署理。还有一种叫代理，这种没有署理那么长

久；署理做得好，有补缺的希望，但代理最多不过两三个月，只是如果做得好，也有改做署理的希望。

②策：古代科举考试的一种文体，由考官列出了一条一条的题目，然后考生一条一条地对答。如策论、策问。

③博洽淹贯：指学问深通，知识广博。博洽，指学识广博；淹贯，深通广晓。

④贡入燕都：指补贡的人，应该送到京都的国子监去学习，因此叫贡入燕都。燕，是北方的地名，这里指北京。都，是皇帝所住的城，俗话叫京城。由于当时皇帝住在北京，因此叫作燕都，也称燕京。

⑤南雍：这里指南京的辟雍，简单些说就叫南雍。古时候皇帝所设立的大学堂叫辟雍，到了明朝，由于国子监就是皇帝所设立的大学堂，因此也可以叫作辟雍。

【古文今译】

后来，果然被另外一位代理的学台杨宗师驳回不准我补贡生。直到丁卯年，殷秋溟宗师看见我在考场中的备选试卷没有考中，替我可惜并慨叹道："这本卷子所做的五篇策，如同呈给皇帝的奏折一样。像这样有大学问的读书人，怎么可以让他埋没到老呢？"于是他依准县学的申请文书补我为贡生。我又多吃了一段时间的廪米，算起来连前所吃的七十一石，恰好是

九十一石五斗。经过这一番的波折，我就更加相信一个人的进退浮沉，都是命中注定的，而走运得迟或早，也都有一定的时候，所以把一切都看得淡然，不去追求了。

等我当选了“贡生”后，按照规定要在京城里住了一年。每天我都静坐不动，凡是文字一概不看。到了己巳年，我回到家乡读书，在尚未进国子监读书之前，先到栖霞山去拜访了云谷禅师，我同禅师面对面坐在一间禅房里，三天三夜连眼睛都没有闭。云谷禅师问我说：“凡人之所以不能够成为圣人，是因为妄念在其心中不断地缠来缠去。而你静坐三天，我不曾看见你起一个妄念，这是什么缘故呢？”我说：“我的命被孔先生算定了，何时得意，何时失意，何时生，何时死，都有个定数没办法改变。就算我想要有什么妄念，也没有办法妄想了。”

哎呀，这本卷子所做的五篇策，简直可以直接当做给皇帝的奏折一样。这样的人才，不能埋没啊！我要写申请，让他做贡生！
袁了凡
先生慧眼啊，我的才华，终于隐藏不住了！
阿袁啊，算上你这段时间吃的廪米，恰好是九十一石五斗啊。这说明什么？这说明我算得非常地准！
我看你坐了三天，心里毫无波澜，年纪轻轻的，这么沉得住气吗？
大师有所不知，我未来的人生已经被孔先生算好了，我已经知道自己一生是怎样的了，所以心里毫无波澜。
那他有没有算到你会遇见我？我会劝你试着自己做决定，想要改变自己的命运，就要多读书，多做善事！

【经典原文】

云谷笑曰：“我待汝是豪杰，原来只是凡夫。”问其故。曰：“人未能无心，终为阴阳所缚，安得无数①？”“但惟凡人有数，极善之人，数固拘他不定；极恶之人，数亦拘他不定。汝二十年来，被他算定，不曾转动一毫，岂非是凡夫？”

余问曰：“然则数可逃乎？”曰：“命由我作，福自己求。诗书所称，的为明训。我教典中说：求富贵得富贵，求男女得男女，求长寿得长寿。夫妄语乃释迦大戒，诸佛菩萨，岂诳语欺人？”

余进曰：“孟子言：‘求则得之’，是求在我者也。道德仁义，可以力求；功名富贵，如何求得？”

云谷曰：“孟子之言不错，汝自错解耳。汝不见六祖②说：‘一切福田③，不离方寸，从心而觅，感无不通。’求在我，不独得道德仁义，亦得功名富贵；内外双得，是求有益于得也。“若不反躬内省，而徒向外驰求，则求之有道，而得之有命矣。内外双失，故无益。”

【说文解字】

①数：指气数，命运。凡是讲起课算命的，不论什么事情，都有阴阳之分。一切推算的方法，都是从阴阳中变化出来的。因此，也可以说阴阳就是气数。

②六祖：这里指被尊为禅宗第六祖的惠能大师。他得到了

五祖弘忍的衣钵，继承了东山法脉并建立了南宗，弘扬“直指人心，见性成佛”的顿教法门，对中国佛教以及禅宗的弘化具有深刻的意义。

③福田：在佛教用语中，佛教认为供养布施，行善修德，能受福报，犹如播种田亩，有秋收之利。田，在此不是种五谷菜蔬的田地，而是指心。心里常想着行善，做积功德的事情，功德就会像田里的谷物菜蔬一样渐渐变大；功德变大，福分也就会越多。

【古文今译】

云谷禅师笑道：“我本认为你是一个了不得的豪杰，哪里知道，你原来只是一个庸庸碌碌的凡夫俗子。”于是我向他请教原因。他说：“平常人做不到没有杂念，终究要被阴阳气数束缚，怎么可以说没有命数呢？”“但是也只有平常人才会被命数所束缚住。若是一个极善的人，命数就束缚不住了；而极恶的人，命数也束缚不住他。你这二十年来的命都被孔先生算定了，不曾把命数转动一分一毫，反而被命数束缚住了。这样看来，你不是凡夫是什么呢？”

我问云谷禅师：“照你说来，究竟这个命数，可以逃得过去吗？”禅师说：“命由我自己造，福由我自己求。从前诗书中说的，实在是的的确确的好教训。我们佛经里说：‘一个人要求富贵就得富贵，要求儿女就得儿女，要求长寿就得长寿。’只要做善事，命数就束缚不住他了。要知道说谎是佛家的大戒，哪有诸佛菩萨还会乱说假话、欺骗人的呢？”

我又进一步问：“孟子曾说：‘只要去求就可以得到’，这是说在我心里可以做得到的事情。所以道德仁义能够从我心里去求，但功名富贵我要怎样才可以求到呢？”

云谷禅师说：“孟子的话不错，只是你理解错了。你没见六祖慧能大师说：‘所有的福田，都决定在个人的心里。只要从心里去求福，没有感应不到的！’求什么全在自己，不仅能得到道德仁义，就是身外的功名富贵也可以求到；内外双得，这样的求对于得到是有帮助的。但如果一个人若不能自我反省，而只是盲目地向外面过分追求，那就成了孟子所说的求之有道，得之有命的话了。不仅把心里本来有的道德仁义丢掉了，连外在的功名富贵也失掉了，所以乱求是毫无益处的。”

孟母三迁

孟子很小的时候，父亲就去世了，孟母依靠纺织麻布来维持艰难的生活。

孟子非常聪明，看见什么就学什么，而且模仿本领特别强。起初孟子家在墓地附近，每隔几天，就会有送葬的队伍吹着喇叭经过他家门口。好奇的孟子就跟着送葬的队伍学着吹喇叭，引得一群孩子跟在他后面跑着玩儿，大家一起玩儿送葬的游戏。孟母非常重视孟子的教育问题，看到孟子整天吹喇叭玩儿送葬游戏，赶紧就把家搬到了城里，住在了屠宰场的旁边。

搬到城里后，孟子每天都到屠宰场去看杀猪，那些屠夫杀猪时手脚利落，十分熟练。孟子看在眼里，记在心上。没过多久，他竟然能帮着杀猪了。孟母非常着急，又把家搬到了学堂附近。

于是，每天早晨孟子都跑到学堂外面，摇头晃脑地跟着学生们一起读书，并且变得守秩序、懂礼貌。当时，子思正在这里当老师，他见孟子学什么都很快，而且记忆力特别好，就非常喜欢他，还让他免费进学堂读书。后来，孟子果然没有辜负孟母的期望，成为战国时期的思想家和儒家学派主要代表人物。

【经典原文】

因问："孔公算汝终身若何？"余以实告。云谷曰："汝自揣应得科第否？应生子否？"余追省良久，曰："不应也。科第中人，类[①]有福相。余福薄，又不能积功累行，以基厚福。兼不耐烦剧[②]，不能容人。时或以才智盖人，直心直行，轻言妄谈。凡此皆薄福之相也，岂宜科第哉！"地之秽者多生物，水之清者常无鱼。余好洁，宜无子者一；和气能育万物，余善怒，宜无子者二；爱为生生之本，忍为不育之根；余矜惜名节，常不能舍己救人，宜无子者三；多言耗气，宜无子者四；喜饮铄[③]精，宜无子者五；好彻夜长坐，而不知葆元毓神[④]，宜无子者六。其余过恶尚多，不能悉数。

【说文解字】

①类：指大多数的意思。

②剧：指繁杂细碎的意思。

③铄：销毁，损耗。

④葆元毓神：葆，同"保"；毓，同"育"。保养元气，培育精力的意思。

【古文今译】

云谷禅师接着再问我说："孔先生算你终身的命运如何？"

我就把情况详详细细地告诉了他。云谷禅师说："你自己想想，你应该考得功名吗？应该有儿子吗？"我反省了很久才说："我不应该考得功名，也不应该有儿子。因为能考取功名的人，大多有福相。我的福薄，并不能积功德、积善行，成为厚福的根基。别人有些不对的地方，也不能包容。有时候我还自尊自大，认为自己的才干、智力盖过别人。心里想怎样就怎么做，随便乱谈乱讲。像这样种种举动，都是薄福的相，怎么应该考取功名呢！大地正因为能够藏污纳垢，才能生出许多生物，水过于清澈反而养不住鱼。我过分地喜欢清洁而不近人情，这是我没有儿子的第一种缘故；天地间要一片祥和之气，才能孕育万物。我常常生气发火，没有一点和育之气，这是我没有儿子的第二种缘故；仁爱是万物生生不息之本，缺乏悲悯心是不能生养的根源。我太爱惜自己的名节，心肠太硬，往往不愿牺牲自己来救助他人，这是不应得子的第三个因素；说话太多容易伤气，这是我没有儿子的第四种缘故；爱喝酒容易消散精神，这是我没有儿子的第五种缘故；我喜欢整夜长坐不睡，不晓得保养元气精神，这是我没有儿子的第六种缘故。其他还有许多的过失，说也说不完呢！"

【经典原文】

云谷曰："岂惟科第哉！世间享千金之产者，定是千金人物①；享百金之产者，定是百金人物；应饿死者，定是饿死人物。天不过因材而笃②，几曾加纤毫③意思。即如生子，有百世之德者，定有百世子孙保之；有十世之德者，定有十世子孙保之；有三世二世之德者，定有三世二世子孙保之。其斩焉④无后者，德至薄也。"

【说文解字】

①千金人物：这里指能够承受拥有千金财富的福报的人物。后面“百金人物”比照解释。

②笃：加厚的意思。

③纤毫：细微的意思。

④斩焉：斩，断绝的意思。焉，语气词。

【古文今译】

云谷禅师说：“岂止是功名不应该得到，恐怕不应该得的事情还多着吧！这个世上能够拥有千金产业的，一定是享有千金福报的人；能够拥有百金产业的，一定是享有百金福报的人；应该饿死的，一定是应该受饿死报应的人。上天不过按照每个人本身的才性而忠实厘定，何曾有一丝一毫的差错呢。就像生儿子，积了百代的功德，就一定有百代的子孙来保住他的福；积了十代的功德，就一定有十代的子孙来保住他的福；积了三代或者两代的功德，就一定有三代或者两代的子孙来保住他的福。至于那些只享了一代的福，到了下一代就绝后的人，那是他功德极薄的缘故。”

【经典原文】

“汝今既知非，将向来不发科第[①]，及不生子相，尽情改刷。务要积德，务要包荒[②]，务要和爱，务要惜精神。从前种种，譬如昨日死；从后种种，譬如今日生：此义理再生之身也。夫血肉之身，尚然有数，义理之身，岂不能格天[③]！《太甲》[④]曰：‘天作孽，犹可违；自作孽，不可活。’《诗》云：‘永言配命，自求多福。’孔先生算汝不登科第，不生子者，此天作之孽，犹可得而违。汝今扩充德性，力行善事，多积阴德。此自己所作之福也，安得而不受享乎？”

【说文解字】

①不发科第：从前取得科第，叫作发科发甲，因此不发科第就是没有取得科第。

②包荒：这里指包容荒秽的意思，就是要包容一切，不揭穿旁人的短处。

③格天：指感动上天。也可以理解为人清净、诚恳的心，可以与天相通的意思。

④《太甲》：商汤的嫡长孙，太丁子，叔仲壬病死后继位，由四朝元老伊尹辅政，后病死，共在位二十三年。这里指《尚书》中的一篇文章的标题名，文章写的是伊尹辅佐太甲执政的事。

【古文今译】

“你今天既然知道往日的是非对错，那就应该把你一向不能得到功名和没有儿子的种种福薄之相尽心尽力改得干干净净。一定要积德，一定要对人和气慈悲，一定要对人和气仁爱，要有爱惜生命的精神。从前的一切，就像昨日已经死了；以后的一切，就像今日刚刚出生：能够做到这样就是你再生了一个义理道德的生命了。我们这个血肉之躯，尚且还有一定的命数，而义理道德的生命，哪有不能感动上天的道理？《尚书·太甲》说：‘上天降下灾害，尚且可以避开；而自己若是自己作了孽，就无处可逃了。’《诗经》上也讲：‘人应该时常反思自己的作为合不合天道，求祸求福全在自己。’孔先生算你不得功名，命中无子，这是上天降下的灾祸，但还是可以改变的。你只要将本来就有的道德天性扩充起来，尽量多做一些善事，多积一些阴德。这就是你自己所造的福，怎么可能享受不到呢？

【经典原文】

“《易》为君子谋，趋吉避凶；若言天命有常，吉何可趋，凶何可避？开章第一义①，便说：‘积善之家，必有余庆。’汝信得及否？”余信其言，拜而受教。因将往日之罪，佛前尽情发露，为疏②一通③。先求登科，誓行善事三千条，以报天地祖宗之德。云谷出功过格④示余。令所行之事，逐日登记。善则记数，恶则退除。且教持准提咒⑤，以期必验。

【说文解字】

①开章第一义：开章，指书的开头第一章。第一义，指《易

经》在开头“坤卦”里就讲到了“积善之家，必有余庆”。

②疏：这里指疏表，相当于现在的“报告书”，或“祈祷文”。

③一通：古代以擂鼓三百三十六槌为一通，也指公文一件。此取后者。

④功过格：过去记录功过的一种表格形式。初指道士逐日登记行为善恶以自勉自省的簿格，及后流行于民间，泛指用分数来表现行为善恶程度、使行善戒恶得到具体指导的一类善书。

⑤准提咒：佛教准提佛说的一种咒文，为梵文。

【古文今译】

“《易经》上也替一些宅心仁厚、有道德的人谋划，专谈如何趋向吉祥、避开凶险的人、凶险的事、凶险的地方。如果说命运是一定不能改变的，那么吉祥又何处可以趋，凶险又哪里可以避免呢？”《易经》开头第一章就说：经常行善的家庭，必定会有多余的福报传给子孙。这个道理你真的能够相信吗？我完全相信云谷禅师的开示，并诚恳地下跪礼拜，接受他的指教。因此，我将以往所造作的罪恶，不论大小轻重都到佛前毫无隐瞒地表露出来；并且写了一篇疏文，先祈求能得到功名，还发誓要做三千件的善事，来报答天地祖先生我的大恩大德。云谷禅师拿出功过格给我看，叫我将每天所做的事都一一登记，善的事情就记在功格之上，恶的事情就要看恶事的大小，与已经记的功减除。并且还教我念《准提咒》，以希望我所求的事一定会有效应。

国学小课堂

易经

《易经》，原本应该叫《易》，是儒家经典六经《诗》《书》《礼》《乐》《易》《春秋》中的一部，汉代《乐》的失传，使儒

家仅存“五经”，《易》也正式被称作《易经》。《易经》在汉代虽然是一部书，但是在“易”产生的时候，它其实是三部著作的合称：《连山》《归藏》《易》。但到了汉代，《连山》《归藏》均已失传，只剩下了《周易》，因此狭义来说，“易”或者说《易经》，也就指《周易》了。

《易经》是中国古代最早的一部哲学书，里面有甚深的哲理，教人成贤成圣，而且着重在数学的探讨上。《易经》的内容有六十四卦，每一卦有六爻，共有三百八十四爻。

【经典原文】

语余曰：“符箓家①有云：‘不会书符，被鬼神笑。’此有秘传，只是不动念也。执笔书符，先把万缘②放下，一尘③不起。从此念头不动处，下一点，谓之混沌开基。由此而一笔挥成，更无思虑，此符便灵。凡祈天立命，都要从无思无虑处感格④。”

【说文解字】

①符箓家：指那些以“画符”为专业的人士。符是一种用朱笔写在黄纸上用来镇压邪魔，或是烧化了把灰和在水里，喝下去用来治命的东西。符有各种样子，不同的符有不同的用处。箓，指一种与符相似的“图形”而言，作用与符一样。符箓连用，概解为符。

②万缘：指人心中所起的各种各样的众多念头。

③尘：本义是指灰尘，这里指人心中不好的念头。

④感格：指感于此处而达于彼处。

【古文今译】

云谷禅师又对我说："有一种画符箓的专家曾说：'一个人如果不会画符，是会被鬼神耻笑的。'画符有一种秘密的方法传下来，只是不动念头罢了。当执笔画符的时候，须先将万缘放下，把心打扫得干干净净，没有一丝杂念。就在这念头不动，心地清净之际，用笔在纸上点一点，就叫混沌开基。也是从这一点开始画起，所以这一点是符的根基所在。从这一点开始一直到画完整个符，若没起一些别的念头，那么这道符就很灵验。凡是想要祷告上天，或者是改变命运，都要从没有妄念上去用功夫，这样才能感动上天。"

【经典原文】

"孟子论立命之学，而曰：'夭寿不贰①。'夫夭与寿，至贰②者也。当其不动念时，孰为夭，孰为寿？细分之，丰歉不贰，然后可立贫富之命；穷通不贰，然后可立贵贱之命；夭寿不贰，然后可立生死之命。人生世间，惟死生为重，曰夭寿，则一切顺逆皆该之矣。至'修身以俟③之'，乃积德祈天之事。曰修，则身有过恶，皆当治而去之；曰俟，则一毫觊觎④，一毫将迎[5]，皆当斩绝之矣。到此地位，直造先天之境，即此便是实学。汝未能无心，但能持准提咒，无记无数，不令间断，持得纯熟，于持中不持，于不持中持。到得念头不动，则灵验矣。”

【说文解字】

①夭寿不贰：详见《孟子·尽心篇》。指短命与长寿并没有分别。夭，短命。贰，不一样，有分别。

②至贰：指绝对不一样的意思。

③俟：等候，等待。

④觊觎：非分的想法，希望得到不应该得到的东西。

⑤将迎：送往迎来。

【古文今译】

“孟子曾讲论立命的道理，他说：‘短命和长寿没有分别。’表面看短命和长寿，两者正好相反。然而当一个人不动妄念时，哪知道短命和长寿的分别呢？仔细分析，将丰富与匮乏看成是没有两样，那么就能立下贫富之命；将穷困和发达看成没有两样，那么就能立下贵贱之命；如果将短命和长寿看成没有两样，那么就立下生死之命。一个人生活在这个世间，只有生死的问题是最重大的，所以孟子提到夭和寿，那么一切顺境中的丰与通，逆境中的歉与穷，都完全包括在内了。孟子所说的‘修身以俟之’这句话，是说行善积德，祈祷上天的事。说到‘修’字，那么身上一些过失罪恶，就应该像治病一样把过失罪恶完全去除；讲到‘俟’，则不可以有一丝一毫的非分之想，也不可以让心里的念头乱起乱灭，都要完全把它斩掉断绝。能够做到这种地步，就已经是达到先天不动念头的境界了。也就是世间受用的真正学问。你现在还不能做到不动心的境界，但你若能念准提咒，不必用心去记或数遍数，只要一直不间断地念下去，念到极熟的时候，自然就会口里在念，自己不觉得在念，这叫作持中不持；在不念的时候，心里觉得仍在念，这叫作不持中持；念咒能念到这样，没有杂念进来，那么念的咒也就灵验了。”

【经典原文】

余初号学海，是日改号了凡；盖悟立命之说，而不欲落凡夫窠臼[①]也。从此而后，终日兢兢[②]，便觉与前不同。前日只是悠悠放任，到此自有战兢惕厉[③]景象，在暗室屋漏中，常恐得罪天地鬼神；遇人憎我毁我，自能恬然容受。

到明年，礼部[④]考科举。孔先生算该第三，忽考第一，其言不验，而秋闱[⑤]中式[⑥]矣。然行义[⑦]未纯[⑧]，检身多误，或见善而行之不勇，或救人而心常自疑，或身勉为善而口有过言，或醒时操持而醉后放逸，以过折功，日常虚度。自己巳岁发愿，直至己卯岁，历十余年，而三千善行始完。

【说文解字】

①窠臼：窠，指鸟窠；臼，本指打米的家伙。因此窠臼喻指现成的格式，老套子。

②兢兢：指小心谨慎的意思。

③战兢惕厉：惧怕谨慎；警惕，戒惧。

④礼部：指中国古代官署，管理全国学校事务及科举考试及藩属和外国之往来事。与吏部、户部、兵部、刑部、工部合称六部。

⑤秋闱：对科举制度中乡试的借代性叫法。乡试一定在秋天的八月，因此乡试的考场就叫秋闱。又由于担心有人私底下进出作弊，用一种有刺的棘树插在围墙上面，因此也叫作棘闱。

⑥中式：指考中的意思。

⑦行义：躬行仁义，做应该做的事。

⑧未纯：指勉强，不能自然而然。

【古文今译】

我起初的号叫作学海，但从那一天起就改号叫了凡。因为我已经领悟立命的道理，而不想再陷入凡夫既有的庸俗见解之中。从此以后，我整天小心谨慎，也觉得和从前大不相同。从前我总是随便放任自己，到了现在总会产生一种小心谨慎、战战兢兢、戒慎恭敬的景象。即使是在暗室无人的地方，也常害怕得罪天地鬼神。再碰到讨厌我、毁谤我的，我也能够安然地接受不与旁人计较争论了。

到第二年我到礼部去考科举，本来孔先生算我的命，应该考第三名，哪知道忽然考了第一名，孔先生的话开始不灵了，在乡试我竟然考中了举人。然而我的行为还是不够一心一意，检讨自身觉得过失仍然很多。例如看见善虽然肯做，但是还不能够大胆地向前拼命去做；或者是遇到救人时心里面常怀疑惑，没有坚定的心去救人；或者自己虽然勉强做善事，但是常说犯过失的话；或者在清醒的时候还能把持住自己，但是酒醉后就放肆了。虽然常做善事拿功来抵过，把光阴虚度了。从己巳年发愿要做三千件的善事；直到己卯年，经过了十多年，才把许下的三千件善事做完。

国学小课堂

古人的名、字、号的称呼礼仪

古人跟我们现在不一样，有名、有字、有号。这些称呼上的常识，不可不知道。

“名”是父母取的，不能改变，要是有人把自己的名字改掉了，这是大不孝的行为。古人成年之后，没有人再称他的“名”了，这是对他表示尊敬。男子二十岁行冠礼，在没有行冠礼之前，大众皆可以称他的“名”，行了冠礼之后，表示他已成年了，如果还称他的“名”就是对他不尊敬。

那要怎样称呼呢？就是在行冠礼时，他的同辈、兄弟、同学、朋友送他一个“字”，从此以后便称他的字，不再称他的名，一生都是如此。纵然将来做官，朝廷上皇帝也称他的“字”，不称他的“名”。若称名，必是他犯法有罪了，他要被判刑罚罪。

若对他更恭敬，“字”也不称了，称他的“号”，用“号”的人在社会上是比较有身份、有地位的。也有以出生地名为称呼的，表示这个地方出了这样一位受尊敬的大人物，称地名是最尊敬的。譬如清朝的李鸿章，当时很受大众尊敬，名、字都不称了，称他“李合肥”——他是合肥人。

佛门里也是如此，到达最尊敬的时候，名、字、号都不称了，往往称寺庙或地名。像我们称智者大师为“天台大师”——他居住在天台山；“慈恩法师”——是慈恩寺的窥基大师。

漫画小学堂

到第二年我到礼部去考科举，本来孔先生算我的命，应该考第三名。
从此以后，我就不是袁学海了，以后请叫我袁了凡！孔先生，没想到吧，我考了第一，意不意外，惊不惊喜？！
……
哼，有没有一种可能，叫袁学海的考第三了？
不存在，不可能，你瞎说！
禅师，我已经决定通过读书、做善事改变自己的命运，你看，这是我记录做善事的本子，一个善事一个圈，我九月十三日祈求中进士，已经许下了做一万件善事的大愿，没想到没多久就中了进士，我要去当知县了。
心是好心，事情也做的不错，当知县也是喜事，不过，帮我敲木鱼不能算善事啊！

【经典原文】

时方从李渐庵[①]入关，未及回向[②]。庚辰[③]南还，始请性空、慧空[④]诸上人[⑤]，就东塔禅堂回向。遂起求子愿，亦许行三千善事，辛巳[⑥]生男天启。余行一事，随以笔记，汝母不能书，每行一事，辄用鹅毛管，印一朱圈于历日之上。或施食贫人，或买放生命。一日有多至十余圈者。至癸未[⑦]八月，三千之数已满，复请性空辈，就家庭回向。九月十三日，复起求中进士愿，许行善事一万条，丙戌[⑧]登第，授[⑨]宝坻[⑩]知县。

余置空格一册，名曰“治心篇”。晨起坐堂[⑪]，家人[⑫]携付门役，置案上，所行善恶，纤悉必记。夜则设桌于庭，效赵阅道[⑬]焚香告帝。汝母见所行不多，辄[⑭]颦蹙[⑮]曰：“我前在家相助为善，故三千之数得完。今许一万，衙中无事可行，何时得圆满[⑯]乎？”

【说文解字】

①李渐庵：人名，生卒年不详。

②回向：是佛教的一种修行功夫。指将自己所修的功德，不愿自己独享，而将之转归与法界众生同享，以拓开自己的心胸，并且使功德有明确的方向而不致散失。

③庚辰：这里指 1580 年。

④性空、慧空：佛门法师德号，生卒年不详。

⑤上人：这里指有道德学问的出家人。

⑥辛巳：这里指 1581 年。

⑦癸未：这里指 1583 年。

⑧丙戌：这里指 1586 年。

⑨授：本指教授的意思。此处可做补缺解释，就是补了宝坻县知县的缺。

⑩宝坻：指县名，如今称宝坻区，地处北京、天津、唐山三大城市的中心腹地，是著名的“京东八县之一”。经济发达，文化昌盛，民风淳朴，风光秀丽，素有“宝地”之称。

⑪ 坐堂：指做官的坐在堂上办公事，或是审问案子。

⑫ 家人：这里指自己身边的下人。

⑬ 赵阅道：即赵抃，宋朝时浙江衢州人（今衢江区），字阅道，宋仁宗时为谏官，时称“铁面御史”，终以太子少保致仕，有《赵清献公集》传世，生卒不详。宋史有传。

⑭ 辄：常常。

⑮颦蹙：指皱紧眉头忧愁的样子。

⑯圆满：佛教用语。谓佛事完毕，没有缺陷、漏洞。

【古文今译】

在那个时候，我刚和李渐庵先生从关外回来关内，没来得及把所做的三千件善事回向。到了庚辰年，我从北京回到了南方，方才请了性空、慧空两位有道的大和尚，借东塔禅堂完成了这个回向的心愿。到这时候，我又起了求生儿子的心愿，也许下了三千件善事的大愿。到了辛巳年，生了儿子，取名叫天启。我每做了一件善事，随时都用笔记下来；你母亲不会写字，每做一件善事，都用鹅毛管，印一个红圈在日历上。或是送食物给穷人，或买活的东西放生，都要记圈。有时一天多达十几个红圈呢！也就是代表一天做了十几件善事。像这样到了癸未年的八月，三千条善事的愿方才做满。又请了性空和尚等，在家里做回向。到那年的九月十三日，又祈求中进士的愿，并且许下了做一万件善事的大愿。到了丙戌年，居然中了进士，吏部就补了我宝坻县知县的缺。

我准备了一本有空格的小册子，取名为“治心篇”。每天早晨起来坐堂审案时，就叫身边的下人拿这本治心篇交给看门人，放在案桌上，把每天所做的善事、恶事，即使再小也一定要记在治心篇上。到了晚上，在庭院中摆了桌子，仿照宋朝的铁面御史赵阅道，焚香祷告天帝。你母亲见我所做的善事不多，常常皱着眉头说：“我以前在家帮你做善事，所以你所许下三千件善事的心愿能够做完。现在你许了做一万件善事的心愿，而在衙门里没什么善事可做，那要等到什么时候才能做完呢？”

国学小课堂

季康子问政

在为政的政策上，季康子问孔子：“假如杀无道的坏人以亲近有道的好人，怎么样？”孔子回答说：“您执政为什么要刑杀呢？您要是想行善、百姓也就会跟着行善。君子的道德行为像风一样，普通百姓的道德行为则像地面生长着的青草一样。一有风吹来，草便随风而倒。”

季康子又问孔子：“怎样为政才能治理好国家？”孔子说：“为政，就是端正自己的思想和领导作风。您作风端正，谁还敢不正呢？”

【经典原文】

夜间偶梦见一神人，余言善事难完之故。神曰："只减粮一节，万行俱完矣。"盖宝坻之田，每亩二分三厘七毫。余为区处[1]，减至一分四厘六毫，委有此事，心颇惊疑。适幻余禅师[2]自五台来，余以梦告之，且问此事宜信否？师曰："善心真切，即一行可当万善，况合县[3]减粮，万民受福乎？"吾即捐俸银，请其就五台山斋僧[4]一万而回向之。

【说文解字】

①区处：此指整理、处分之意。

②幻余禅师：生卒年不详。禅师，和尚的尊称。

③合县：全县。合，全部，整个。

④斋僧：就是请出家的比丘来吃斋饭。请僧的斋菜多为一大碗，里面含有几样素菜，混在一起，习称"罗汉菜"。

【古文今译】

那天晚上睡觉我偶然做了一个梦，看到一位天神，我就将一万件善事不易做完的缘故告诉了天神，天神说："只是你当县长减钱粮这件事，你的一万件善事已经足够抵冲圆满了。"原来宝坻县的田，每亩本来要收银两分三厘七毫，我对此作出了调整，将每亩田应缴的钱粮减到了一分四厘六毫，这件事情确实是有的，我觉得十分疑惑。恰好幻余禅师从五台山来到宝坻，我就把梦告诉了禅师，并问他这件事可以相信吗？幻余禅师说："做善事要心怀真诚恳切，那么就算只有一件善事也可以抵得过一万件善事了。况且你减轻全县的钱粮，这不就会有上万的人民因此减轻了重税的痛苦而获福了吗！"我听了禅师的话就立刻把我所得的俸银薪水捐出来，请禅师在五台山替我设斋食供养一万僧众回向。

漫画小学堂

我的一万件善事可能完不成了！
现在在县衙，没有那么多善事给我做啊。扶老奶奶过马路扶的老奶奶见我都躲着走！
说好的一万件，一件也不能少，少一件都不是一万！
逗你的，你的一万件事已经完成了！
什么时候？我怎么不知道！
只是你当县长减钱粮这件事，你的一万件善事就算足够了！
禅师，我这个何解啊？
你减轻全县的钱粮，不就有上万的人民因减轻了重税而感到幸福了吗？让人感受到幸福，怎么不算善事呢！大善！

【经典原文】

孔公算余五十三岁有厄[1]。余未尝祈寿，是岁[2]竟无恙，今六十九矣。《书》[3]曰：“天难谌，命靡常。”又云：“惟命不于常[4]。”皆非诳语。吾于是而知，凡称祸福自己求之者，乃圣贤之言。若谓祸福惟天所命，则世俗之论矣。

汝之命，未知若何？即命当荣显，常作落寞想；即时当顺利，当作拂逆[5]想；即眼前足食，常作贫窭[6]想；即家世望重，常作卑下想；即学问颇优，常作浅陋想；远思扬祖宗之德，近思盖父母之愆；上思报国之恩，下思造家之福；外思济人之急，内思闲己之邪。

【说文解字】

①厄：灾难。

②是岁：这里指了凡先生五十三岁那一年。

③《书》：指《尚书》。

④惟命不于常：惟，发语词，无意义。于，介词，表某方面。全句意思是指“命运不是固定不变的”。

⑤拂逆：指违背，违反。

⑥贫窭：贫穷。本义指贫穷得无法备礼物，亦泛指贫穷。

【古文今译】

孔先生算我的命，本来到五十三岁时应该有灾难。我虽然没祈天求寿，但五十三岁那年，我竟然一点儿病痛都没有。现在已经六十九岁了。《尚书》上说：“天道是不容易相信的，人的命是没有一定规律的。”又说：“人的命数没有一定。”这些话一点儿都不假。我由此方知，凡是讲人的祸福都是自己求来的，这些实在是圣贤人的话。若是说祸福都是天所注定的，那是世上庸俗人的论调。

你的命，不知究竟会怎样？就算命中应该荣华发达，还是要常常当作不得意想；就算碰到顺当吉利的时候，还是要常常当作不称心如意来想；就算丰衣足食，还是要当作贫寒想；就算旁人喜欢你、敬重你，还是要常常小心谨慎做恐惧想；就算你家世显赫，还是要常常当作卑微来想；就算你学问高深，还是要常常当作浅陋来想。讲到远，就应该要发扬祖先的美德；讲到近，就应当弥补父母的过失；讲到向上，应该要想报答国家的恩惠；讲到对下，应该要想造一家的福；说到对外，应该要想救济别人的急难；说到对内，应该要想预防自己的邪念和妄想。

历史小剧场

清朝有一个叫叶存仁的人，做了三十余年的官，廉洁自律，从不苟取。他离任时，手下部属执意送行话别，但送行的船却迟迟不发。

叶存仁好生纳闷，等到明月高挂，湖面上来了一叶小舟。原来是部属临别赠礼，故意等到夜里避人耳目。叶存仁当即写诗一首："月白风清夜半时，扁舟相送故迟迟。感君情重还君赠，不畏人知畏己知。"拒礼而去。

【经典原文】

务要日日知非，日日改过。一日不知非，即一日安于自是；一日无过可改，即一日无步可进。天下聪明俊秀不少，所以德不加修、业不加广者，只为因循[1]二字，耽阁[2]一生。云谷禅师所授立命之说，乃至精至邃、至真至正之理，其熟玩[3]而勉行之，毋自旷[4]也。

【说文解字】

①因循：指贪图安逸，得过且过的意思。

②耽阁：同“耽搁”。耽误的意思。

③玩：体会。

④旷：荒废；耽误。

【古文今译】

一个人必须要每天反省自己的过失，才能天天改过。假如一天不知道自己所犯的过失，就会一天以为自己没有过失。如果每天都觉得无过可改，就是每天都没有进步。天底下聪明俊秀的人实在不少，然而他们道德上却不肯用功去修行，在事业上不肯用功去行动，就只是因为“因循”两个字，得过且过，所以才耽搁了他们的一生。云谷禅师所教立命的许多话，实在是最精、最深、最真、最正的道理，希望你要细细地研究，并尽心尽力地去做，千万不可把大好的光阴虚度过去。

历史小剧场

三省吾身

孔子的学生曾参，即曾子，人很老实，年纪又小，他比孔子小四十六岁，因为对人忠诚，又勤奋好学，很得先生的喜爱。

一天，同学们问他："你是怎样修养德行的，为什么进步这么快呀？"曾参笑着说："没有什么呀，我每一天都要多次地这样问问自己：替别人办的事情有没有不尽心尽力的地方？与朋友交往有没有不诚实的地方？先生传授我的学业有没有复习？如果发现哪样做得不合适，我就及时改正，这样慢慢地也就成了习惯了！"学生们听后都夸奖曾参，曾参却谦虚地说："我的德行修养得还不够，我听先哲们讲过，要谨慎地对待父母的死亡，追念远代的祖先，大家都能这样做下去，社会风气才会变得真诚、笃实，不会像现在这样浅薄。"曾参的言行传到孔子耳中，孔子更把他看成是得意弟子。

第二训　改过之法

【经典原文】

春秋诸大夫，见人言动，亿[①]而谈其祸福，靡不验者，左国[②]诸记可观也。大都吉凶之兆，萌乎心而动乎四体。其过于厚者常获福，过于薄者常近祸，俗眼多翳[③]，谓有未定而不可测者。至诚合天[④]，福之将至，观其善而必先知之矣；祸之将至，观其不善而必先知之矣。今欲获福而远祸，未论行善，先须改过。

【说文解字】

①亿：同“臆”，猜想之意。

②左国：指《左传》与《国语》二书。

③翳：遮蔽，障蔽；遮蔽物。

④合天：合乎自然；合乎天道。

【古文今译】

春秋时代的各国大夫，仅凭观察一个人的言语、举止，就能推测出他的吉凶祸福，没有不灵验的，这些在《左传》《国语》等书中都能看得到。凡是吉祥或凶险的前兆，都产生于人的内心，表现在形体上，一个待人处世厚道的人常常能够获得福报；一个过分刻薄的人常常会招致灾祸。一般的人眼睛常常被蒙蔽，便认为祸福没有定数而无法推测得出来。一个人如果能以至诚之心待人，与天道相吻合，那么福报将要降临，只需看他所做的善行就能预先得知；一个人灾祸将要降临时，只需看他所做的恶行定能够预先推测得到。现在如果想得到福报而避免灾祸，在还没有讲到行善之前，就必须先从改正过失开始做起。

周处除三害

周处年轻时，为人凶暴强悍，任性使气，被同乡的人认为是一大祸害。另外，义兴的河中有条蛟龙，山上有只白额虎，义兴的百姓称他们是三害。有人劝说周处去杀死猛虎和蛟龙，实际上是希望三个祸害互相拼杀后只剩下其中一个。周处就去杀死了老虎，又下河斩杀蛟龙。蛟龙在水里有时浮起有时沉没，周处与蛟龙一起漂游了几十里远。经过了三天三夜，同乡的人都认为周处已经死了，于是大家在一起互相庆祝。周处终于杀死了蛟龙从水中出来了。他听说乡里人以为自己已死而互相庆贺，才知道自己实际上被当作一大祸害，因此有了悔改的心意，于是就进入吴郡去找寻陆机和陆云以求指点。当时陆机不在，只见到了陆云，周处就把全部情况告诉了陆云，并说自己想要改正错误，可是岁月已经荒废，怕最终也不会有什么成就。陆云说："古人珍视道义，认为早晨

听闻了圣贤之道，就是晚上死去也甘心，况且你的前途还是有希望的。再说，人就怕立不下志向，如果有了志向，又何必担忧好名声不能远扬呢？”从此，周处改过自新，最终成为一位历史上有名的忠臣。

漫画小学堂

立命之学
春秋时代的各国大夫，都特别厉害。观察一个人的言行，就能推测出他的吉凶祸福。
要不要这么准啊？
这有什么好怀疑？待人处事厚道会有福报，刻薄的人往往会有灾祸。
这么说，倒也没错！
所以，想要做好事，要先从改正过失开始。
父亲说得是！
那你上课还偷吃零食！把零食交出来！

【经典原文】

但改过者，第一，要发耻心。思古之圣贤，与我同为丈夫[①]，彼何以百世可师？我何以一身瓦裂[②]？耽染[③]尘情[④]，私行不义，谓人不知，傲然无愧，将日沦于禽兽而不自知矣。世之可羞可耻者，莫大乎此。孟子曰："耻之于人大矣。"以其得之则圣贤，失之则禽兽耳，此改过之要机[⑤]也。

【说文解字】

①丈夫：这里指男人，男子汉。

②瓦裂：像瓦片一样碎裂。比喻分裂或崩溃破败。

③耽染：污染，沉溺。

④尘情：犹言凡心俗情。

⑤要机：关键，诀窍。

【古文今译】

凡是要改正过失的人，第一，要发起羞耻心。追思古时的圣贤，跟我一样是个男子汉，为什么他们就能够千古流芳成为大众学习的榜样呢？而我为什么一生声名败坏呢？过分沉溺于逸乐，受到世俗欲望的污染，并且偷偷地做些不合乎道义的事，自以为别人不知道，还毫无一点羞愧心，这就已经沦为禽兽之流而自己却不能发觉。世界上令人可羞可耻的事情，都没有比这个更严重的了。孟子说：“耻这个字对于一个人，关系实在是太重大了！”因为一旦知耻，就可以成就圣贤之道；如果不知羞耻，那就只能同禽兽一样了。羞耻心是改正过失的重要诀窍呀！

漫画小学堂

父亲，父亲，我错了！我一定改正！
哼，想要改正过失，一定要有羞耻心。
羞耻心？羞耻心我有啊，你要是当着同学的面打我，就是伤害了我的羞耻心！
羞耻心是让你这么用的吗？你站住，我不打你！
父亲不打我，拿戒尺做什么？
不打你，不打你怕你想不起来什么是羞耻心！
母亲大人，母亲大人快来救命啊！

【经典原文】

第二，要发畏心。天地在上，鬼神难欺，吾虽过在隐微[①]，而天地鬼神，实鉴临[②]之。重则降之百殃，轻则损其现福，吾何可以不惧？不惟此也。闲居之地，指视昭然[③]，吾虽掩之甚密，文[④]之甚巧，而肺肝早露，终难自欺，被人觑破，不值一文矣，乌[⑤]得不懔懔[⑥]？

【说文解字】

①隐微：隐私，即隐蔽的地方。

②鉴临：鉴，察照；临，到。意为亲眼到现场看到一样，看得清清楚楚。

③指视昭然：指视，即“十手所指，十目所视”，指大家所能看到的地方；昭，就是“明明白白”；然，副词后缀，无义。

④文：掩饰。

⑤乌：指原因或理由，什么。

⑥懔懔：危惧，戒慎的样子。

【古文今译】

第二，要发起敬畏的心。须知天地鬼神都在我们的头顶上监察着，他们是难以欺骗的。纵使我把过失遮盖得十分隐秘，掩饰得非常巧妙，但对于神明来说，我的五脏六腑早就被看透，终究还是难以自我欺瞒。一旦被人看破了，就会变得一文不值，我怎么可以不时常存着戒身敬畏之心呢？

国学小课堂

君子有三畏

“三畏”的“畏”，说的是敬畏。人一旦无所畏惧，那就很危险了。《论语》中孔子说：“君子有三畏：畏天命，畏大人，畏圣人之言。小人不知天命而不畏也，狎大人，侮圣人之言。”这里说的“天命”指的是上天的意志，自然规律。“大人”指德高望重的君主。“狎”指轻慢。总体来说就是“君子应该有三点敬畏，敬畏上天的意志，敬畏德高望重的君主，敬畏圣人的遗训。小人不知道上天的意志，因而他不畏惧。他轻慢德高望重的君主，蔑视圣人的遗训。”

【经典原文】

不惟是也。一息尚存，弥天之恶[①]，犹可悔改。古人有一生作恶，临死悔悟，发一善念，遂得善终者。谓一念猛厉[②]，足以涤百年之恶也。譬如千年幽谷，一灯才照，则千年之暗俱除。故过不论久近，惟以改为贵。

但尘世无常，肉身易殒[③]，一息不属[④]，欲改无由矣。明则千百年担负恶名，虽孝子慈孙，不能洗涤；幽则千百劫沉沦狱报。虽圣贤佛菩萨，不能援引。乌得不畏？

【说文解字】

①弥天之恶：指罪恶无边。弥，是充满的意思。

②猛厉：指猛烈，严厉刚烈。

③殒：死亡，消失。

④一息不属：属，是归属。一息不属，引申为“一口气不来”。

【古文今译】

不仅这样！一个人只要还有一口气存在，就算犯了滔天大罪，也都还可以悔改。古时有个人一辈子都在作恶，到了临终前却能悔悟过来，萌发一个善的念头，于是得到了善终的果报。这就是说，只要能够发出一个勇猛坚决的善念，就足以洗刷一生所积下的罪恶呀！就好像上千年的幽暗山谷，只要有一盏灯光照射进去，那么这千年来的黑暗就可以完全除去。所以过失不论是久远前犯的，还是最近新犯的，只要能够改过就是最可贵的。

但是我们现在所处的这个世间不是恒常不变的，我们的肉体也是很容易死亡的，只要一口气没喘过来，这个肉身就不再归我所有。到这个时候，就算是想要改过也没有办法了。到了这种地步，在明显可见的世间果报上，将须担受千百年的坏名声而遭人唾骂，虽然有孝子慈孙这些善良后代，也洗刷不掉这种恶名；幽冥的果报则是在看不见的阴间之中经历千百劫折磨。即使碰到圣人、贤人、佛菩萨，也不能救助你、接引你，这样怎么能不怕呢？

国学小课堂

“知错能改，善莫大焉”的来历，你知道吗？

“人谁无过？过而能改，善莫大焉”原句其实是这样的。这句话的意思是，人都有可能会犯错，但是如果犯错了可以改正，就是一件大好事。这句话出自《左传》，背后还有一段知错不改，导致自食其果的故事。

据记载，春秋时期，晋灵公虽身居高位，但是他德不配位。因为他脾气不好，性格残忍，喜欢滥杀无辜。除了脾性不好之外，作为君主，他还宠幸佞臣，生活奢侈，以重税压榨百姓，以致百姓苦不堪言。在晋灵公的无道统治下，危险渐渐萌芽，局势也颇为动荡。

为了避免出现政变，晋灵公手下两位说得上话的大臣——赵盾和士季冒死劝谏，希望晋灵公收敛一下自己的脾性，明白自己的过错。

当时，为了劝谏晋灵公，士季就说了这句经典的话，“人谁无过？过而能改，善莫大焉。”只可惜晋灵公根本就听不进去，更要命的是，他还派人暗杀赵盾。

晋灵公这种不认错的态度引起了人们的强烈不满，同时他的残暴已经伤透了民众的心。于是，人们集结起来开始反抗他的暴政，最后，晋灵公死在了赵穿的刀下。

这句话向我们传达的意思是：犯错不可怕，可怕的是知错不改，许多时候，容错需要心胸，而改错则需要智慧。

【经典原文】

第三，须发勇心。人不改过，多是因循退缩。吾须奋然振作，不用迟疑，不烦等待。小者如芒刺在肉，速与抉剔；大者如毒蛇啮指，速与斩除，无丝毫凝滞，此风雷之所以为益也。具是三心，则有过斯[①]改，如春冰遇日，何患不消乎？然人之过，有从事上改者，有从理上改者，有从心上改者；工夫不同，效验[②]亦异。如前日杀生，今戒不杀；前日怒詈[③]，今戒不怒；此就其事而改之者也。强制于外，其难百倍，且病根终在，东灭西生，非究竟廓然[④]之道也。

【说文解字】

①斯：乃，就。

②效验：功效；预期的效果。

③怒詈：发怒，责骂。

④廓然：阻滞尽除的样子。

【古文今译】

第三，要发起勇猛的心。人之所以不能够过的原因，大都是因为得过且过、畏首畏尾。我们一定要奋勇振作起来，绝不可以延迟、疑惑，也不应当犹豫不决、东等西等不敢下定决心。小的过失，像尖刺戳在肉里，要赶紧挑掉拔掉；大的过失，像毒蛇咬到手指头一样厉害，要赶紧切掉手指头，不可有丝毫的犹疑延迟的念头，就像《易经》中的益卦所讲，风起雷动，万物都收获利益。一个人如果能具备羞耻心、敬畏心和勇猛心，那么就能够做到有过就改，如同春天冰雪遇到了太阳，还怕不融化吗？然而一般人的过失，有从犯过的事实本身上戒除的，有从认识其中的道理而改正的，也有从心念上来改正的；所付出的努力程度不一样，因此所得到的效果也就有所不同。譬如以前杀害生命，现在戒除不再杀了；以前发怒骂人，现在也都戒除不再发怒了；这是就在事情的本身上改过。但这只是靠外力来勉强约束，会比从根本上自然改正还要难上百倍，而且犯过的根源仍然存在，东边勉强把它消灭后，西边却又冒了出来，实在不是彻底扫除干净的方法。

历史小剧场

宰相肚里能撑船

三国时期的蜀国，在诸葛亮去世后任用蒋琬主持朝政。他的属下有个叫杨戏的人，性格孤僻，讷于言语。蒋琬与他说话，他也是只应不答。有人看不惯，便在蒋琬面前嘀咕说：“杨戏这人对您如此怠慢，太不像话了！”没想

到蒋琬非但没生气，反而坦然一笑，说：“人嘛，都有各自的脾气秉性。让杨戏当面说赞扬我的话，那可不是他的本性；让他当着众人的面说我的不是，他会觉得我下不来台。所以，他只好不作声了。其实，这正是他为人的可贵之处。”后来，有人称赞蒋琬“宰相肚里能撑船”。

漫画小学堂

吾儿，你看那苏洵，虽然前半生闲散，但是发奋读书，后来更是跟儿子苏轼、苏辙被合称为“三苏”，均被列入“唐宋八大家”，简直是吾辈楷模啊。
苏洵，怎么闲散的啊？他也上课偷吃零食了吗？
那倒没有，他根本就没上课，到处去玩，到二十八岁才开始发奋读书。
父亲，那我觉得我非常可以跟着这位苏先生学习，我现在就可以出去玩了。
你再走一步试试！

【经典原文】

善改过者，未禁其事，先明其理。如过在杀生，即思曰：上帝[①]好生，物皆恋命，杀彼养己，岂能自安？且彼之杀也，既受屠割，复入鼎镬[②]，种种痛苦，彻入骨髓；己之养也，珍膏[③]罗列[④]，食过即空，疏食菜羹，尽可充腹，何必戕[⑤]彼之生，损己之福哉？又思血气之属[⑥]，皆含灵知，既有灵知[⑦]，皆我一体。纵不能躬修至德，使之尊我亲我，岂可日戕物命，使之仇我恨我于无穷也？一思及此，将有对食伤心，不能下咽者矣。如前日好怒，必思曰：人有不及，情所宜矜[⑧]，悖理相干[⑨]，于我何与？本无可怒者。

【说文解字】

①上帝：上苍，上天。

②鼎镬：鼎与镬，古代两种烹饪器皿。镬，音 huò。

③珍膏：这里指美味佳肴，山珍海味。

④罗列：排列，陈列。

⑤戕：音 qiāng。杀害。

⑥血气之属：指有血有气的生命体。

⑦灵知：指灵觉。指所有生命体所具有的灵性。

⑧矜：同情、哀怜。

⑨干：干扰；侵犯。

【古文今译】

善于改过的人，在没有禁戒某事前，就先明白其中的道理。比如犯了杀生之恶，就思量上天喜好滋育万物，万物都眷恋自己的生命，杀他的性命来养活自己，内心怎得安宁？而且有些生命被杀时，既要承受宰割，又要被放进锅鼎中去烧煮，种种的痛苦穿透进入骨髓里面。人们为了滋养自己的身体，各类珍贵肥美的东西摆满眼前尽情地享用，却未曾想到这些美食吃过以后便会化成粪渣排出一切都是空的。实际上蔬菜类的素食菜汤就已经足够让人填饱肚子，何必一定要去杀害生命来折损自己的福报？还须想到凡是有血气的东西，都具有灵性知觉，既然是有灵性知觉，那么都与我们人类没有两样。就算我们不能够修养到至高的德行，使它们来尊敬我、亲近我，怎么可以天天杀害动物的生命，使它们仇恨我到永无止境呢？想到这种道理，面对满桌的血肉之食时，自然会发出悲伤怜悯之心，不忍再咽食下去。譬如以前喜欢发脾气，就应该想到：每个人都会有短处，这在情理上来说，本来就应该加以怜惜、原谅；若有人违反情理而来冒犯我，那是他自己的过失，跟我有何关联呢？这本来就没有什么可怒的。

漫画小学堂

你个小滑头，还想跟苏洵比？你要是真想学，学学他儿子苏东坡我就放心了。
怎么他们老苏家这么多事呢~
什么话，这都是圣贤给予我们的宝贵经验。我们谁都会犯错，但是犯错之后一定要有改过的念头，善的念头，就能得到善终的果报。
所以，父亲，这个苏东坡也逃课不学习了吗？
你以为谁都像你，苏东坡错接了王安石的诗，发现错误之后马上就向王安石认错了，这种品质是多么难能可贵啊！
可是我犯错之后也认啊，您还老威胁要打我。
还不是因为你认错快，犯错更快！

【经典原文】

又思天下无自是[①]之豪杰，亦无尤人[②]之学问。行有不得，皆己之德未修，感未至也。吾悉以自反[③]，则谤毁之来，皆磨炼玉成[④]之地；我将欢然受赐，何怒之有？又闻谤而不怒？虽谗焰熏天，如举火焚空，终将自息；闻谤而怒，虽巧心[⑤]力辩，如春蚕作茧，自取缠绵[⑥]，怒不惟无益，且有害也。其余种种过恶，皆当据理思之。此理既明，过将自止。

【说文解字】

①自是：自以为是。

②尤人：怨恨、抱怨他人。

③自反：自我反省。

④玉成：敬辞，促成、成全之意。

⑤巧心：巧妙的心思。

⑥自取缠绵：意思是自己困住自己。

【古文今译】

还要想到，天下本没有自以为是的英雄豪杰，也没有怨恨别人的学问；如果所做的事情不能称心如意，那都是自己的德行修得不好，感人的力量还不够呀！这些都应该自我反省，那么对于各种外来的毁谤与伤害，都将成为磨炼我们、成就我们的助缘；

因此，我们要欢喜地接受这种赐教，怎么能怨恨发怒呢？再者，听到别人的毁谤而不发怒，虽然这些坏话说得像火焰熏满天空，也只不过像痴人般地拿着火把想要焚烧虚空一样，最后中将熄灭；若是听到毁谤就动了怒气，就算费了巧妙的心思，努力为自己辩护，也不过像春天的蚕儿吐丝作茧一样，将自己缚住。所以，发怒不但对自身没有好处，而且还有害处。至于其他的种种过失和罪恶，都应当要依据客观的道理来认真思考。这种道理若是能够明白，过失自然就会停止，不会再去违犯。

历史小剧场

圯桥三进履

“汉初三杰”之一的张良，曾计划刺杀秦始皇，没想到行刺失败而惹得秦始皇勃然大怒，在全国大肆搜捕他。为了保住自己的性命，张良四处云游，以求东山再起。他悄悄地躲藏在了下邳。

一天，张良在一座小桥上散步，一个穿着粗布衣服的老人当着他的面把鞋扔到了桥下，随即说：“喂！小子！我的鞋子掉到桥下了，你给我把它捡上来！”张良听到后先是一愣，心想：这个老人好奇怪，需要别人的帮助，还一副命令的口气。但是他看到对方年事已老，便强忍着心中的不满，下桥把鞋子捡了起来。老人瞥了一眼张良手中的鞋子，坐在桥上，伸出那只没有穿鞋的脚，继续命令张良说：“小子，既然鞋子捡上来了，就给我穿上吧！”张良虽然生气但他又想：我已帮他把鞋子捡回来了，又何必计较给他穿上呢。于是便毕恭毕敬地替老人穿好了鞋。

没想到，张良替老人穿好鞋子后，老人连一句感谢的话都没说，就大笑着离开了。老人刚走出不远，突然又转过身，对着在桥上发呆的张良大喊：“孺子可教啊！五天后的早上，你再来这座桥上见我，我有一样东西要给你。”张良听了，连忙答应。

很快到了第五天，张良带着好奇又急切的心情来到了和老人约定的桥上。没想到老人早就到了，他嫌张良来得太晚了，就生气地说：“与老人约会，就应该早点来。五日之后，你再来见我吧！”张良只好回去。第二次还是如此，直到第三次张良下定决心一定要比老人早到。于是，他刚过半夜就来到那座桥上等候。老人来时看见已经在桥上等候的张良便满意地说：“小子，你今天比我早。”话刚说完，老人就从怀中拿出一部书交给了张良，并叮嘱他说：“只要你认真研读了这部书，就可以做帝王的老师了。十年以后，你可以用此书兴邦立国。十三年后，你记得到济北见我，谷城山下的黄石就是我。”张良正要向老人道谢时，他已经转身离开了。

等天亮后，张良细看那部书，才知道这是绝世秘籍《太公兵法》。从那以后，他再也没有见到这位老人。后来，张良成为汉高祖刘邦手下的重要谋士，为刘邦建立汉朝立下了汗马功劳。

漫画小学堂

那到底怎么样才能改过呢？我也很想改掉自己的问题啊。
那得看之前有过什么样的过错，比如有的人上课不认真，那就从现在开始好好学习，如果曾经伤害过别人，那现在就诚恳地悔过，以后不再做这样的事情就可以。
那如果有人喜欢乱发脾气呢？
那肯定也要改啊。
父亲，那你以后别再乱发脾气了。
你个顽童，还敢套路我！你少惹我生气，我就不发脾气了！

【经典原文】

何谓从心而改？过有千端，惟心所造。吾心不动，过安从生？学者于好色、好名、好货[①]、好怒种种诸过，不必逐类寻求。但当一心为善，正念现前，邪念自然污染不上。如太阳当空，魍魉[②]潜消，此精一[③]之真传也。过由心造，亦由心改，如斩毒树，直断其根，奚[④]必枝枝而伐，叶叶而摘哉？

【说文解字】

①货：财物。

②魍魉：古代传说中的山川精怪。一说为疫神，传说颛顼之子所化。泛指鬼怪。

③精一：意为精纯。

④奚：疑问代词，相当于“胡”“何”。

【古文今译】

什么叫从心理上改过呢？人的过失，有千种之多，都是从心里造作出来的。如果我的心没有动过错误的念头，过失将从哪里产生出来呢？读书人，有爱好美色、喜得浮名、贪爱财物、喜欢发怒的，种种过失，不必一项一项地去寻找改过的方法。只要能够一心行善，正大光明的念头就会出现在眼前，那么自然就不会被偏邪的恶念所沾染。这就好像炎热的太阳在空中普照着大地，所有的妖怪自然就会隐藏、消失，这是改过最精诚专一的真正妙诀。人的过失是由心所造作的，自然也应当由心来改；就如同要斩除毒树，必须直接砍断它的根，何必一枝一枝地去砍伐，一叶一叶地去摘除。

国学小课堂

魑魅魍魉到底是什么？

魑魅魍魉是一个成语，最早出自春秋时期左丘明《左传·宣公三年》。魑魅魍魉指传说中山川间害人的鬼怪，也比喻各种各样的坏人。那么魑魅魍魉究竟是几种妖怪呢？《说文解字》中给出了解释：分别为魑、魅以及魍魉这三种妖怪。

魑，古籍解释为“若龙而黄”。简单理解就是像龙一样的黄色妖怪，常年生活在山里面，伺机谋害进山打猎的猎人。

魅，这类妖怪相较于山鬼来说，更加难以对付。原因就在于魑直来直去，魅却懂得伪装。

魍魉这种妖怪，《说文解字》仅仅只是提及，《搜神记》倒是给出了最终的解释：“昔颛顼氏有三子，死而为疫鬼。一居江水为虐鬼，一居若水为魍魉鬼，一居人宫室，善惊人小儿，为小鬼”。

作为擅长在水中兴风作浪的魍魉鬼，一直给古人极大的困扰。

漫画小学堂

父亲，你不要这么暴躁嘛，我也是想改过的。
你有改过之心还是很好的。
我是想改，但是也不知道为什么要改？
改过，自然要先明白其中的道理。自己主动想要改过，肯定是知道自己做的不对。例如为了饱腹而去伤害一些动物，那肯定是不对的。
为了吃不算错，为了其他目的伤害就是错了，同样都是伤害，有什么区别？
如果你要饿死了，看见这只野鸡，抓住吃了算是为了自己能活下去；如果你只是觉得野鸡毛色鲜艳，就杀了它，那就算是无故杀生。
#??…!!#
你犯错了，我打你一顿，算是正常教育；你没犯错，我只是因为自己不高兴打你一顿，就算我！做！错！事！了！

【经典原文】

大抵最上[1]者治心，当下清净。才动即觉，觉之即无。苟未能然，须明理以遣之；又未能然，须随事以禁之。以上事[2]而兼行下功[3]，未为失策，执下而昧上，则拙矣。

【说文解字】

①最上：指最好的最上乘的方法。

②上事：行以最上乘的方法。

③下功：指最下等的功力成就。

【古文今译】

总之最高明的改过方法是从修心下功夫，修心可以立即清净。每当心里刚动了个坏念头时，就能够立刻觉察到，然后马上让这种念头消失。如果做不到这种境界，就必须明白其中的道理，以便将坏念头打发。若再办不到，那就只好在恶事将犯时以强制的方式来禁止自己犯过。如果能以上乘的治心功夫，并兼用明理与禁止两种较下乘的方式来约束自己的念头，也不失为一个好方法。若只是执着于下乘方式，而不知道用上乘的方法，那实在是太愚笨了。

历史小剧场

卧薪尝胆磨炼心智

前496年，吴王阖闾派兵攻打越国，但兵败身亡。两年后，阖闾的儿子夫差率兵击败越国，越王勾践被押送到吴国做奴隶，勾践忍辱负重伺候吴王三年后，夫差对他消除了戒心并送他回了越国。其实勾践并没有放弃复仇之心，他表面上对吴王服从，但暗中训练精兵，强政励治并等待时机反击吴国。艰苦能锻炼意志，安逸反而会消磨意志。

勾践害怕自己会贪图眼前的安逸，消磨报仇雪耻的意志，于是他晚上睡觉不用褥，只铺些柴草，又挂了一只苦胆，时不时地强迫自己尝尝苦胆的味道，为的是不忘过去的耻辱。

前482年和前478年，勾践两次带兵攻打吴国，吴国全部战败，夫差求和不成，才后悔没有听伍子胥的忠告，非常羞愧，就拔剑自杀了。

漫画小学堂

父亲，冷静啊！你说的人要改过！
为父之前确实有些喜欢发脾气，但是每次发完脾气也会心生愧疚之心。
父亲是知道我不是故意的了。
那倒不是，只要一想到你的那些淘气的事情，还是会生气，但也会劝慰自己，人都会有短处，应该加以原谅。
父亲这是知道心疼我了！
父亲只知道教育我，一点都不以身作则。
哼，宽宥你的过错是为了不让我生气，但是惩罚你的过错是为了让你知道，小孩子也不能肆意妄为！不好好学习就要被家长惩罚！

【经典原文】

顾[1]发愿改过，明须良朋提醒；幽须鬼神证明。一心忏悔，昼夜不懈，经一七[2]、二七，以至一月、二月、三月，必有效验。或觉心神恬旷，或觉智慧顿开，或处冗沓[3]而触念皆通。或遇怨仇而回嗔作喜[4]。或梦吐黑物；或梦往圣先贤，提携接引；或梦飞步太虚[5]；或梦幢幡宝盖[6]，种种胜事[7]，皆过消罪灭之象也。然不得执此自高，画[8]而不进。

【说文解字】

①顾：但，只是。

②一七：犹一周，泛指七天。后边“二七”同理。

③冗沓：指繁杂之意。

④回嗔作喜：指由生气转为喜欢。嗔，生气。

⑤太虚：指太空，宇宙。

⑥幢幡宝盖：幢幡，特指刹上之幡。幡，用竹竿等挑起来直着挂的长条形旗子；幢，古代原指支撑帐幕、伞盖、旌旗的木杆，后借指帐幕、伞盖、旌旗。宝盖，佛道或帝王仪仗等的伞盖。

⑦胜事：殊胜、美好的事情。

⑧画：指画地自限，画地为牢。意思是把自己上进的路断了。

【古文今译】

但是发愿改过，在明处需要好朋友监督提醒，在暗处则要鬼神来做证明。还要一心一意地去忏悔，昼夜都不懈怠，经七天、十四天乃至一个月、两个月、三个月，一定会有效果和验证。或许你会感觉到精神舒适，心境开阔；或感觉智慧突然大开；或虽处在烦乱之中，内心却能够触类旁通；或者遇到怨家仇人，而能将嗔恨转化，心生欢喜；或者梦到吐出因过去造作的恶业形成的污秽黑物；或者梦见古圣先贤来提携接引；或者梦到在太虚之中；或梦见各类庄严的旗帜以及用珍贵的珠宝所装饰的伞盖。像这些殊胜的情况，都是消除过失的象征！但不可以因此执着在这些境界中，自以为程度很高而不再努力求进步。

国学小课堂

不迁怒，不贰过

“不迁怒，不贰过”这句话出自《论语·雍也》，意思是不把自己的怒气转移到别人身上，已经犯过一次的错误绝不犯第二次。是孔子赞扬颜渊时说的话，它道出了改过的一个很重要的原则，就是要“不贰过”，类似的错误不能改了再犯。有些人经常“贰过”，乃至三过、四过，直至犯罪，究其原因在于没有深刻认识到错误的根源与危害性，缺乏改过的诚心与毅力，还有改过之后没有认真总结经验教训。这些都是我们在改过的过程中要注意避免的。

漫画小学堂

为父告诉你，最高明的改过方法是从修心上下功夫，发自本心的认为，这样做是错的，自然就不做了。
父亲，孩儿知道错了，您快松手吧，我不跑了。
这还差不多。你看那越王勾践，先是被押送到吴国做奴隶，被吴王各种折辱，但还是没有放弃自己复仇复国的决心。
复国我知道，很难吧。
确实是有点难，但是有心去做，什么事情都有成功的可能。勾践后来打败了吴国，为自己赢回了国土和尊严。
勾践好棒棒啊，我要向他学习。
你不好好说话，我就想让你感受一下，什么叫作戒尺也好棒！

【经典原文】

昔蘧伯玉①当二十岁时，已觉前日之非，而尽改之矣，至二十一岁，乃知前之所改未尽也。及二十二岁，回视二十一岁，犹在梦中；岁复一岁，递递②改之。行年五十，而犹知四十九年之非，古人改过之学如此。

【说文解字】

①蘧伯玉：名瑗，今长垣县伯玉村人（一说今濮阳县老渠村人）。约生于前585年左右，卒于前484年以后，是位年逾百岁的寿星；春秋时期卫国大夫、孔子弟子。事卫三公（献公、襄公、灵公），因贤德闻名诸侯。

②递递：连续的意思。

【古文今译】

春秋时期，卫国的贤大夫蘧伯玉在二十岁的时候，就已经能够时时反省自己以往的过失而完全地改正过来了。到了二十一岁时，又觉得以前的过失尚未完全改掉。等到二十二岁，再回头检点二十一岁时的自己，就如同身处梦中一般。这样一年又一年地过去，一年一年逐步改正过失，直到五十岁那年，还觉得过去四十九年尚存过失。古人对于改过的学习态度就是这么认真、严格。

漫画小学堂

父亲，我知道错了！但是你总批评我，我不太开心啊。
你以为我想批评你？
那不然呢？
改过本身就需要别人的提醒和批评啊。你看看唐太宗，人家都是皇帝了，谁批评他还乐呵呵地接受呢，他要是不这么大度，哪来的贞观之治啊。
我也不是皇帝啊！
你幸亏不是皇帝，你要是皇帝，一句批评都听不进去，这个国家可真就危险了！

【经典原文】

吾辈身为凡流[①]，过恶猬集[②]，而回思往事，常若不见其有过者，心粗而眼翳也。然人之过恶深重者，亦有效验：或心神昏塞[③]，转头即忘；或无事而常烦恼。或见君子而赧然[④]消沮[⑤]；或闻正论而不乐；或施惠而人反怨；或夜梦颠倒，甚则妄言失志；皆作孽[⑥]之相也。苟一类此，即须奋发，舍旧图新，幸勿自误。

【说文解字】

①凡流：代指平凡之人；庸俗之辈。

②猬集：事情繁多，像刺猬的硬刺那样丛聚，比喻众多。

③昏塞：昏愦闭塞；昏聩。

④赧然：形容难为情的样子，羞愧的样子。

⑤消沮：沮丧。

⑥作孽：指作乱，作恶。

【古文今译】

我们都是平凡的人，所犯的过失就像是刺猬身上的刺一般丛集于一身，而回想以前所做过的事情，却常会像是看不到有什么过失一样；这实在是太过粗心大意，和眼睛像是生了翳病一般，看不清楚自己的过失呀！但一个人如果过失、罪恶较为深重，也会出现一些征兆：有的心思封闭、精神昏沉，对所交付的事情转身就忘记；有的虽然没有什么可以烦恼的事，却常现出一副烦恼相；有的遇到品德高尚的人，反而闷闷不乐；有的在布施恩惠给别人时，反而招致对方的埋怨；有的夜里梦见一些颠颠倒倒的噩梦，甚至经常语无伦次失去了正常的模样。这些都是因为过去造作罪孽所显现出来的表征。如果一出现与此类似的情况，就应该振作精神，舍弃过去不好的思想行为，力图开辟崭新而正确的人生大道，千万不要自己耽误自己。

第三训 积善之方

【经典原文】

《易》[①]曰："积善之家，必有余庆。"昔颜氏[②]将以女妻叔梁纥[③]，而历叙其祖宗积德之长，逆知其子孙必有兴者。孔子称舜之大孝，曰："宗庙飨[④]之，子孙保之。"皆至论[⑤]也。试以往事征[⑥]之。

【说文解字】

①《易》：这里指《易经》。

②颜氏：指孔子的母亲家姓氏。其母姓颜，二十岁时嫁给孔子父亲。

③叔梁纥：孔子的父亲，名纥，字叔梁，生于前 622 年，卒于前 549 年。春秋时期宋国人。曾是宋国君主的后代，后来流亡到鲁国的昌平陬邑（今山东曲阜市）。其人品出众，博学多才，兼会武功，且又是陬邑的大夫（古代高级官职），与鲁国的著名将领狄虒弥、孟氏家臣秦堇父合称为"鲁国三虎将"。

④飨：音 xiǎng。用酒食招待客人，泛指请人受用。

⑤至论：指高超的或正确精辟的理论。

⑥征：证明，证验。

【古文今译】

《易经》上说：“能够积善的家庭，一定会有很多福分喜庆的事。”从前有个姓颜的人家要把他的女儿许配给孔子的父亲，他们历数孔家祖先所积的德多而且长久，因此预知孔家的子孙将来必定会兴旺发达。孔子称赞舜是不平凡的孝顺，并说：“在宗庙祭祀他，子孙一定兴盛不衰。”这都是正确的结论。我们试举一些往事来证明。

漫画小学堂

《易经》上说了："凡是能够积善的家庭，一定会有很多喜庆的事。"
先生，我不信！
姓名 事迹 善果
杨 名 荣洪水中救人 做到三公少师，后代兴旺
杨自惩 帮人伸冤，待人和善 子孙都是名臣
谢都事 禁止官兵乱杀，拯救万余人 儿子做宰相，孙子中探花
屠康僖 公正断案，替人伸冤减刑 儿子都做了高官
看，这只是好人有好报的一部分，做了好事还会受到别人真心实意的感谢。
可是我早晨扶老奶奶过马路，她也没夸我啊？
有没有一种可能，人家不想过马路！！！

【经典原文】

杨少师荣[①]，建宁人。世以济渡[②]为生。久雨溪涨，横流冲毁民居，溺死者顺流而下，他舟皆捞取货物，独少师曾祖及祖，惟救人，而货物一无所取，乡人嗤其愚。逮[③]少师父生，家渐裕，有神人化为道者，语之曰："汝祖父有阴功[④]，子孙当贵显，宜葬某地。"遂依其所指而窆[⑤]之，即今白兔坟也。后生少师，弱冠[⑥]登第，位至三公[⑦]，加[⑧]曾祖、祖、父，如其官，子孙贵盛，至今尚多贤者。

【说文解字】

①杨少师荣：指杨荣(1371—1440)，字勉仁，初名子荣，福建建宁人。建文帝时进士，累官谨身殿大学士、工部尚书，宣德年间加为少师少傅，卒年七十，谥"文敏公"，有《杨文敏集》问世。

②济渡：指摆渡。用舟渡人过河。

③逮：音 dài。到，及。

④阴功：即阴德。

⑤窆：音 biǎn。下葬。

⑥弱冠：过去男子满二十岁时行冠礼，表示已经成人，但体还未壮，因此称作弱冠。后泛指男子二十岁左右的年纪。

⑦三公：古代官名，其说法各异。这里指明代三公，即太

师、太傅、太保(少师、少保、少傅包括在内)。明仁宗之后，三公皆为虚衔，为勋戚文武大臣加官、赠官。

⑧加：封官。

【古文今译】

少师杨荣，是福建建宁人。祖辈世代以摆渡为生。一次雨下得太久，溪水满涨、水势汹涌横冲直撞，把民房都冲垮了，被淹死的人顺着水势一直漂下来。其他的船都去捞取水中漂来的各种财物，只有杨荣的曾祖父和祖父，专门去救水里漂来的灾民，而财物一件都不捞，同乡人都嘲笑他们是傻瓜。等到杨荣的父亲出生后，家里也渐渐地宽裕了。有一位神仙化成道士的模样向杨荣的父亲说：“你的祖父和父亲都积了许多阴功，所生的子孙应该发达做大官。可以将你的父亲葬在某一个地方。”于是杨荣的父亲便依从道人的指示下葬，就是今天所说的白兔坟。后来杨荣出生了，二十岁的时候就考上了科举，最后位列三公的高位，他的曾祖、祖父及父亲也都被追封了官爵。并且他的子孙后代也都显贵兴盛，直到今天仍有很多有才能、德行的人。

【经典原文】

鄞[①]人杨自惩[②]，初为县吏[③]，存心仁厚，守法公平。时县宰[④]严肃，偶挞一囚，血流满前，而怒犹未息，杨跪而宽解[5]之。宰曰：“怎奈此人越法悖理[6]，不由人不怒。”自惩叩首曰：“上失其道，民散久矣，如得其情，哀矜勿喜[7]；喜且不可，而况怒乎？”宰为之霁颜[8]。

家甚贫，馈遗[9]一无所取，遇囚人乏粮，常多方以济之。一日，有新囚数人待哺，家又缺米，给囚则家人无食；自顾则囚人堪悯。与其妇商之，妇曰：“囚从何来？”曰：“自杭而来，沿路忍饥，菜色可掬[10]。”因撤己之米，煮粥以食囚。后生二子，长曰守陈，次曰守址，为南北吏部侍郎；长孙为刑部侍郎，次孙为四川廉宪，又俱为名臣。今楚亭、德政，亦其裔也。

【说文解字】

①鄞：地名，今浙江鄞县。

②杨自惩：明代时期人，具体生卒年不详。

③县吏：古时县里的吏役书办。

④县宰：指县令、县长的别称。

⑤宽解：宽慰劝解，使解除烦恼。这里指为人求情，请求宽恕之意。

⑥越法悖理：指违犯法律、常理。

⑦哀矜勿喜：指对遭受灾祸的人要怜悯，不要幸灾乐祸。哀矜，哀怜，怜悯。语出《论语·子张》。

⑧霁颜：指收敛威怒之貌，变为和颜悦色。

⑨馈遗：赠送之意。

⑩菜色可掬：形容人因饥饿而脸如又青又黄的菜色，几乎可以用手捧起来。

【古文今译】

浙江鄞县人杨自惩，起初在县衙做书办，心地非常厚道，守法公平，做事公正。当时的县官，为人严厉方正，有一次偶然打了一个囚犯，一直打到血流到地上，县官还是不息怒。杨自惩见了就跪下，替囚犯向县官求情，请县官宽谅那个囚犯。县官说："你求情本来没有什么不能放宽的，但是这个囚犯，不守法律，违背道理，不能叫人不生气啊！"杨自惩一边叩头一边说："在朝廷中已经没有是非可言了，政治一片黑暗、贪污、腐败，人心散失已经很久了，审问案件若是审出实情，尚且应该替他们伤心，可怜他们不明事理，误蹈法网，不可以因为审出了案情就欢喜。若是存心欢喜，恐怕会把案件忽略弄错。若是生气，又恐怕犯人受不住打，勉强招认，容易冤枉人。既然欢喜尚且不可，又怎么可以发火呢？"那县官听了杨自惩的话，非常感动，面容立即和缓下来，不再发怒了！

杨自惩家里非常清贫，但对别人的馈赠一概不肯接受。遇到囚犯缺粮，常想方设法去救济他们。有一天，来了几个新的囚犯没有东西吃，他自己家里刚巧也欠米。若是拿来给囚犯吃，那么自己家人就没得吃了；如果只是自家吃，那么囚犯又饿得很可怜。没有办法，便同他的妻子商量。他的妻子问他说：“犯人从什么地方来的？”“从杭州来的。沿途上熬饿，脸上饿得没有一点儿血色；就像一种又青又黄的菜色，几乎可以用手捧起来。”妻子听了也很可怜他们，于是夫妇俩就把自己所存的一些米煮了稀饭给新来的囚犯吃。后来他们生了两个儿子，大的叫作守陈，小的叫作守址，做官一直做到南北吏部侍郎，大孙子做到刑部侍郎，小孙子也做到四川按察使。两个儿子，两个孙子，都是名臣。而当今有两位名人楚亭和德政，都是杨自惩的后代。

【经典原文】

昔正统[①]间，邓茂七倡乱[②]于福建，士民从贼者甚众。朝廷起鄞县[③]张都宪[④]楷南征，以计擒贼，后委布政司谢都事[⑤]，搜杀东路贼党。谢求贼中党附册籍，凡不附贼者，密授以白布小旗，约兵至日，插旗门首，戒军兵无妄杀，全活万人。后谢之子迁，中状元，为宰辅[⑥]；孙丕，复中探花。

【说文解字】

①正统：明英宗年号，从1436年至1449年。

②倡乱：造反，带头作乱。

③鄞县：地名，在中国浙江省，即宁波市鄞州区。

④都宪：明代都察院、都御史的别称。主管全国官吏之风纪、弹劾、纠举。

⑤布政司谢都事：类似今之省主席（清时称藩台），主管省级行政、钱粮及官吏赏罚去留。都事，是布政司辖下的重要属员。

⑥宰辅：辅政的大臣。

【古文今译】

从前明朝英宗正统年间，有一个土匪首领叫作邓茂七，在福建一带造反。福建的读书人和老百姓跟随他一起造反的很多。皇帝就起用曾经担任都御史的鄞县人张楷，去搜剿他们。张都宪用计策把邓茂七捉住了。后来张都宪又派了福建布政司的一位谢都事，去搜查捉拿剩下来的土匪，捉到就杀。但是谢都事不肯乱杀，怕杀错人，便向各处寻找依附贼党的名册，查出来凡是没有依附贼党、名册里还没有他们姓名的人，就暗中给他们一面白布小旗，约定他们，搜查贼党的官兵到的那天，把这面白布小旗插在自己家门口，表示是清白的民家，并且禁止官兵乱杀。因为有这种措施而避免被冤杀的大约有一万人之多。后来谢都事的儿子谢迁就中了状元，官做到宰相；而且他的孙子谢丕也中了探花，就是第三名的进士。

国学小课堂

古代文化人吃饭有哪些礼节？

中国自古讲究礼节，在日常饮食方面也是如此，其中很多规矩更是延续至今，成了一种饭桌文化。

吃饭时，主客都要表现出尊敬和谦让。搓手、嘴巴发出声音等都表示对主人不敬，如果行为不得体，让对方感到不适，那就是自己失礼了。

客人在出席宴请时要做到起立、双手接物，待主人同样起身回礼后，方可坐下。

用餐过程中，主人要先把饭菜给客人们享用，客人则是要等候主人先敬酒。

陪同客人出席宴会但又不是主宾的人一定要讲究长辈有序，陪同长者吃饭要先行礼再吃，不然就是大不敬。敬酒时，晚辈要起身双手举杯并且拜谢，等长辈回到原位后才能坐下。

晚辈在用餐时更要注意自己的修养，不然可能会让整个家族丢失脸面。

【经典原文】

莆田①林氏，先世有老母好善，常作粉团施人，求取即与之，无倦色②。一仙化为道人，每旦素食六七团，母日日与之，终三年如一日，乃知其诚也。因谓之曰："吾日食汝三年粉团，何以报汝？府后有一地，葬之，子孙官爵，有一升麻子之数。"其子依所点葬之。初世即有九人登第，累代簪缨[3]甚盛，福建有无林不开榜之谣。

冯琢庵[4]太史之父，为邑庠生[5]。隆冬早起赴学，路遇一人，倒卧雪中，扪之半僵矣，遂解己绵裘衣之，且扶归救苏。梦神告之曰："汝救人一命，出至诚心，吾遣韩琦[6]为汝子。"及生琢庵，遂名琦。

【说文解字】

①莆田：县名，地处福建。

②倦色：懈怠厌倦的神色。

③簪缨：古代达官贵人的冠饰。后世借以指高官显宦。

④冯琢庵：本名冯琦，字用韫，明神宗万历年间进士，官至礼部尚书。著有《北海集》。

⑤邑庠生：在古代，学校被称作庠，故学生称庠生。明清科举制度中，府、州、县学生员称为邑庠生，州县学称为"邑庠"，庠生也就是秀才，因此秀才也叫"邑庠生"。

⑥韩琦：为宋仁宗天圣年间(1023—1031)进士，字稚圭，官至中书、门下平章事，拜右仆射(相位)，封魏国公。著有《安阳集》，与范仲淹齐名。

【古文今译】

在福建省莆田县的林家，他们的上辈中，有一位老太太喜欢做善事，时常用米粉做粉团给穷人吃。只要有人向她要，她就立刻给，脸上没有表现出一点厌烦的样子。有一位仙人，变作道士，每天早晨向她讨六七个粉团。老太太每天给他，一连三年，每天都是这样的布施，没有厌倦过，仙人就晓得她做善事的诚心了。就向她说："我吃了你三年的粉团，要怎样报答你呢？这样吧，你家后面有一块地，若是你死后葬在这块地上，将来子孙有官爵的，就会像一升芝麻那样的多。"后来老太太去世了，她的儿子依照仙人的指示，把老太太安葬下去。林家的子孙第一代发科甲的，就有九人。后来世世代代做大官的人非常多。因此，福建省竟有一句"如果没有姓林的人去赴考，就不能发榜"的传言。意思是讲：林家考试的人多，并且都能考中，所以到发榜，榜上就不会没有姓林的人。表示林家有功名的人很多。

冯琢庵太史的父亲，在县学里做秀才的时候，有一个非常寒冷的冬天清早，在要去县学的路上，碰到一个人倒在雪地里，用手摸摸，几乎快要冻死了。冯老先生马上就把自己穿的皮袍脱下来替他穿上；并且还扶他到家里，把他救醒。冯老先生救人后，就做了一个梦，梦中见到一位天神告诉他说："你救人一命，是完全出自一片至诚的心来救的，所以我要派韩琦投身到你家，做你的儿子。"等到后来琢庵生了，就命名叫作冯琦。因为他是宋朝一个文武全才的贤能重臣韩琦投胎转世的。

【经典原文】

台州[①]应尚书[②]，壮年习业于山中。夜鬼啸集，往往惊人，公不惧也。一夕闻鬼云：“某妇以夫久客不归，翁姑[③]逼其嫁人，明夜当缢死于此，吾得代矣。”公潜[④]卖田，得银四两，即伪作其夫之书，寄银还家。其父母见书，以手迹不类疑之，既而[⑤]曰：“书可假，银不可假；想儿无恙。”妇遂不嫁。其子后归，夫妇相保如初。公又闻鬼语曰：“我当得代，奈此秀才坏吾事。”旁一鬼曰：“尔何不祸之？”曰：“上帝以此人心好，命作阴德尚书矣，吾何得而祸之？”应公因此益自努励，善日加修，德日加厚。遇岁饥，辄捐谷以赈之；遇亲戚有急，辄委曲[⑥]维持；遇有横逆[⑦]，辄反躬自责，怡然[⑧]顺受。子孙登科第者，今累累[⑨]也。

【说文解字】

①台州：台，音 tāi。地名，位于浙江省中部沿海，东濒东海，南邻温州市，西与金华和丽水市毗邻。

②应尚书：即应大猷 (1487—1581)，浙江仙居人，字邦升，号谷庵。明武宗正德年间进士，官至刑部尚书，卒时九十六岁。明史有传。

③翁姑：指公公婆婆。

④潜：悄悄地，偷偷地。

⑤既而：不久，一会儿。这里指上件事情发生后不久。

⑥委曲：殷勤周至。

⑦横逆：横暴无理的行为。

⑧怡然：安适自在的样子。

⑨累累：指很多的意思。

【古文今译】

浙江台州有一个应大猷尚书，壮年的时候在山中读书。夜里，鬼常聚在一起鬼叫来吓唬人，只有应公不怕。有一夜，应公听到一个鬼说："有一个妇人，因为丈夫出远门，好久没回来，她的公婆判断儿子可能已经死了，所以就逼这个妇人改嫁，但是这个妇人却要守节，不肯改嫁。所以明天夜里，她要在这里上吊，我可以找到一个替身了。"应公听到这些话，动了救人的心，偷偷地把自己的田卖了四两银子，还马上写了一封假托她丈夫的信，并把银子寄回家的事写在信上说明。这位外出人的父母看了信以后，因为笔迹不像，所以怀疑信是假的。但是后来他们又说："信是可以假的，但是银子不能假呀！一定是儿子很平安，才会把银子寄回来。"他们这样想以后，就不再逼媳妇去改嫁了。后来他们的儿子果然回来了，这对夫妇得以保全，像从前新婚时一样，好好地过日子了。某天晚上，应公又听到那个鬼说："我本来可以找到替身了，哪知道这个秀才坏了我的事啊。"旁边一个鬼说："喂！你为什么不去害死他呢？”那个鬼说：“天帝因为这个人心好，有阴德，已经派他去做阴德尚书了，我怎么还能害他呢？”应公听了这两个鬼所讲的话以后，就更加努力，更加发心，善事一天一天去做，功德也一天一天地增加。碰到荒年的时候，每次都捐米谷救人；碰到亲戚有急难，他一定想尽办法帮助人家渡过难关；碰到蛮不讲理的人，或不如意的事，总会反省，责备自己有过失，就心平气和地接受事实。因为应公能够这样做人，所以他的子孙得到功名、官位的，一直到现在还有很多。

中国古代四大书院

古人的“习业”就是读书。古人多半都在寺院里读书，因为只有寺院才有多余的房间，才有图书室。寺院的藏经楼里不但收藏佛经很完备，其他的书比如四书五经、诸子百家，也大都有典藏，藏经楼就是图书馆。古代的中国，很多地方并没有图书馆的设置，所以寺院就成了学校，藏经楼就是地方的图书馆。念书的人多半选择在寺院，寺院环境幽静，都在山林之中，是古人读书修学的好场所。

中国古代有四大书院的说法，流传最广的是应天府书院、岳麓书院、白鹿洞书院、嵩阳书院，另外两个版本中，还有石鼓书院、茅山书院、徂徕书院等。直到1998年4月29日国家邮政局在商丘市举办“四大书院”邮票首发仪式，四大书院的版本才最终确定下来。

【经典原文】

常熟徐凤竹栻[1]，其父素富，偶遇年荒，先捐租以为同邑[2]之倡，又分谷以赈贫乏。夜闻鬼唱于门曰："千不诓，万不诓，徐家秀才，做到了举人郎。"相续[3]而呼，连夜不断。是岁，凤竹果举于乡。其父因而益积德，孳孳不怠[4]。修桥修路，斋僧接众，凡有利益，无不尽心。后又闻鬼唱于门曰："千不诓，万不诓，徐家举人，直做到都堂[5]。"凤竹官终两浙[6]巡抚[7]。

【说文解字】

①徐凤竹栻：指徐栻，字凤竹。江苏常熟人，生卒不详。

②邑：这里指县。

③相续：连续不断。

④孳孳不怠：勤勉努力，毫不懈怠。孳，同"孜"。

⑤都堂：尚书省总办公处的称呼，"都"是总揽的意思。明代各衙署之长官因在衙署之大堂上处理重要公务，故称堂倌；都察院长官都御史、副都御史、佥都御史以及被派遣到外省带有这些兼衔的总督、巡抚，均通称都堂。

⑥两浙：即浙东、浙西，合称两浙，包括浙江全省。

⑦巡抚：官名，中国明清时地方军政大员之一，又称抚台。巡视各地的军政、民政大臣。

【古文今译】

江苏省常熟县有一位徐凤竹先生，他的父亲本来就很富有，偶然碰到了荒年，就先把他应收的田租完全捐掉，作为全县有田的人的榜样，同时又分他自己原有的稻谷去救济穷人。有一天夜里，他听到有一群鬼在门口唱道：“千也不说谎，万也不说谎，徐家秀才，快要做到了举人！”那些鬼连续不断地呼叫，夜夜不停。这一年，徐凤竹去参加乡试，果然考中了举人。他的父亲因此更加高兴，努力不倦地做善事，积功德；同时又修桥铺路，施斋饭供养出家人；碰到缺米缺衣的人，也接济他们；凡是对别人有好处的事情，无不尽心地去做。后来他又听到鬼在门前唱道：“千也不说谎，万也不说谎，徐家举人，做官直做到都堂！”结果徐凤竹做了两浙的巡抚。

【经典原文】

嘉兴屠康僖公[①]，初为刑部主事[②]。宿狱中，细询诸囚情状，得无辜者若干人，公不自以为功，密疏其事，以白堂官[③]。后朝审[④]，堂官摘其语，以讯诸囚，无不服者，释冤抑十余人。一时辇下[⑤]咸颂尚书之明。

公复禀曰：“辇毂[⑥]之下，尚多冤民，四海之广，兆民[⑦]之众，岂无枉者？宜五年差一减刑官，核实而平反之。”尚书为奏，允其议。时公亦差减刑之列。梦一神告之曰：“汝命无子，今减刑之议，深合天心，上帝赐汝三子，皆衣紫腰金[⑧]。”是夕夫人有娠，后生应埙、应坤、应埈，皆显官。

【说文解字】

①屠康僖公：康僖，是谥号。屠康僖公，名勋，浙江平湖人。明宪宗成化年间进士，官至刑部尚书。著有《太和堂集》，明史有传。

②主事：官名，属于封建品级制度中较小的底层办事官吏。

③堂官：明清时对中央各部长官如尚书、侍郎等的通称，因在各衙署大堂上办公而得名。

④朝审：明朝的一种审判制度，在秋后处决犯人之前，召集朝廷大臣共同复审死罪囚犯。这实际上是一种会审复核制度，表示对人生命的重视。

⑤辇下："辇毂下"的省称。犹言在皇帝的车舆之下。代指京城。

⑥辇毂：帝王的车驾。比喻帝王管辖下的京城，即天子脚下之意。

⑦兆民：古称太子之民，后泛指民众、百姓。

⑧衣紫腰金：身穿紫袍，腰佩金银鱼袋。这是大官装束，亦指做大官。衣，穿。

【古文今译】

浙江省嘉兴县有一位姓屠名叫康僖的人，起初在刑部里做主事的官，夜里就住在监狱里。他仔细地盘问囚犯，结果发现没罪而被冤枉的有不少人；但是屠公并不觉得自己有功劳，他秘密地把这件事上公文告诉了刑部堂官。后来到了秋审的时候，刑部堂官把屠公所提供的话拣些要点来审问那些囚犯。囚犯们都老老实实地向堂官供认，没有一个不信服的。因此，堂官就把原来冤枉的因为受刑被逼招认的释放了十多人。那个时候京里的百姓都称赞刑部尚书明察秋毫。

后来屠公又向堂官上了一份公文说："在天子脚下，尚且有那么多被冤枉的人，那么全国这样大的地方，千千万万的百姓，哪会没有被冤枉的人呢？所以应该每五年再派一位减刑官，到各省去细查囚犯犯罪的实情，确实有罪的，定罪也要公平；若是冤枉的，应该翻案重审，减刑或者释放。"尚书就代为上奏皇帝，皇帝也准了他所建议的办法；就派减刑官到各省去考察，刚巧屠公也被派在内。有一天晚上屠公梦见天神告诉他说："你命里本来没有儿子，但是因为你提出减刑的建议，正与天心相合，所以上帝赐给你三个儿子，将来都可以做大官，穿紫色的袍，束金镶的带。"这天晚上，屠公的夫人就有了身孕，后来生下了应埙、应坤、应埈三个儿子，果然他们都做了高官。

【经典原文】

嘉兴包凭，字信之，其父为池阳[①]太守，生七子，凭最少，赘[②]平湖[③]袁氏，与吾父往来甚厚，博学高才，累举不第，留心二氏之学[④]。

一日东游泖湖，偶至一村寺中，见观音像，淋漓露立，即解橐[⑤]中得十金，授主僧[⑥]，令修屋宇，僧告以功大银少，不能竣事[⑦]。复取松布[8]四匹，检箧[9]中衣七件与之，内纻褶[10]，系新置，其仆请已之，凭曰：“但得圣像无恙，吾虽裸裎[11]何伤？”僧垂泪曰：“舍银及衣布，犹非难事。只此一点心，如何易得！”后功完，拉老父同游，宿寺中。公梦伽蓝[12]来谢。曰：“汝子当享世禄矣。”后子汴，孙柽芳，皆登第，作显官。

【说文解字】

①池阳：即今陕西省泾阳县和三原县的部分地区。

②赘：招女婿。这里指包凭入赘到平湖袁氏家。

③平湖：指地名，属嘉兴辖区之一。

④二氏之学：这里指佛、道两家学说。

⑤橐：指口袋。

⑥主僧：这里指寺庙的住持。

⑦竣事：了事；完事。

⑧松布：这里指江苏松江县（今松江区）出产的布。

⑨箧：箱子一类的东西。

⑩纻褶：纻，同“苎”，苎麻纤维织成的衣；褶，是夹衣。引申为有单有夹的衣服。

⑪ 裸裎：露体。脱衣露体，这是一种无礼的行为。

⑫ 伽蓝：此寺庙护法神。

【古文今译】

有一位嘉兴人，姓包，名凭，字信之。他的父亲做过安徽池州府的太守。生了七个儿子，包凭是最小的。他被平湖县（今平湖市）姓袁的人家招赘做女婿。他和我父亲常常来往，交情很深。他学问广博，才气很高，但是每次考试都考不中。于是他对佛教、道教的学问很注意研究。

有一天，他向东去泖湖游玩，偶然到了一处乡村的佛寺里，因为寺内房屋坏了，看见观世音菩萨的圣像，露天而立，被雨淋得很湿。当时就打开他的袋子，有十两银子，就拿给这寺里的住持和尚，叫他修缮寺院房屋。和尚告诉他说：修寺的工程大，银子少，不够用，没法完工。他听后，又拿了松江出产的布四匹，再拣竹箱里的七件衣服给和尚。这七件衣服里，有用麻织的料做的夹衣，是新做的；他的佣人叫他不要再送了，但是包凭说："只要观世音菩萨的圣像能够安好，不被雨淋，我就是赤身露体又有什么关系呢？"和尚听后流着眼泪说："施送银两和衣服布匹，还不是件难事。只是这一点诚心，怎么容易得到呀！"后来房屋修好了，包凭就拉着他父亲同游这座佛寺，并且住在寺中。那天晚上，包凭做了一个梦，梦到寺里的护法神来谢他。说："你做了这些功德，你的儿子可以世世代代享受官禄了。"后来他的儿子包汴，孙子包柽芳，都中了进士，做了高官。

历史小剧场

颜回煮粥

孔子和学生们被官兵包围，他们的干粮都吃完了。颜回左思右想，打算给老师找点儿吃的。第二天，颜回溜出去，在附近的村子要了米。回来时，为了不惊动老师就悄悄捡了一些木柴，烧火煮粥。孔子看见颜回在偷偷吃粥，他没说话，仍然坐在那儿。

粥煮好后，颜回端着粥，对孔子说道："老师先用吧！"孔子觉得颜回已经偷吃了，想试探颜回，于是说："今天我梦见了死去的父亲，想把粥拿来祭祀先父。"颜回说："这粥不能用来祭祀，因为它不干净。煮粥的时候，木灰掉进了粥里，我把它捞出来，觉得扔掉可惜，就吹去灰吃了。"孔子听到后，感觉很内疚。

【经典原文】

嘉善[①]支立[②]之父，为刑房吏，有囚无辜陷重辟[③]。意哀之，欲求其生。囚语其妻曰："支公嘉意，愧无以报。明日延之下乡，汝以身事之，彼或肯用意，则我可生也。"其妻泣而听命。

及至，妻自出劝酒，具告以夫意。支不听，卒为尽力平反之。囚出狱，夫妻登门叩谢曰："公如此厚德，晚世所稀，今无子。吾有弱女，送为箕帚妾[④]，此则礼之可通者。"支为备礼而纳之，生立，弱冠中魁，官至翰林孔目[⑤]。立生高，高生禄，皆贡为学博[⑥]。禄生大纶，登第。凡此十条，所行不同，同归于善而已。

若复精而言之，则善有真有假，有端有曲，有阴有阳，有是有非，有偏有正，有半有满，有大有小，有难有易，皆当深辨。为善而不穷理[⑦]，则自谓行持[⑧]，岂知造孽，枉费苦心，无益也。

【说文解字】

①嘉善：县名，位于长江三角洲东南侧，江、浙、沪两省一市交会处核心区域，是浙江省接轨上海第一站。

②支立：明朝嘉兴人，字可与，号"十竹轩主人"。事母孝，与罗一峰交密，深通经学，当时人称为"支立经"。

③重辟：极刑，死刑。

④箕帚妾：持箕帚的奴婢，借作妻妾之谦称。

⑤翰林孔目：即翰林院的孔目。官职名，掌管图籍。

⑥学博：州县公立学校的教师。

⑦穷理：穷究事物之理。

⑧行持：佛教语，谓精勤修行。这里指做善事。

【古文今译】

浙江省嘉善县有一个叫作支立的人，他的父亲在县衙中的刑房当书办。有一个囚犯，因为被人冤枉陷害，判了死罪。支书办很可怜他，想要替他向上面的长官求情，宽恕他不死。那个囚犯晓得支书办的好意之后，告诉他的妻子说："支公的好意，我觉得很惭愧，没法报答。明天请他到乡下来，你就嫁给他，他或许会感念这份情，那么我就可能有活命的机会了。"他的妻子听了之后，没别的办法，就边哭边答应了。

到了明天，支书办到了乡下，囚犯的妻子就自己出来劝支书办喝酒，并且把她丈夫的意思完全告诉了支书办。但是支书办没有这样做，不过还是尽了全力，替这个囚犯把案子平反了。后来，囚犯出狱，夫妻两个人一起到支书办家里叩头拜谢说："您这样厚德的人，在近代实在是少有，现在您没有儿子。我有一个女儿，愿意送给您做扫地的小妾。这在情理上是可以说得通的。"支书办听了他的话，就预备了礼物，把这个囚犯的女儿迎娶为妾，后来生了一个儿子叫支立，才二十岁考试就高中了，官最后做到翰林院的书记。后来支立的儿子支高，支高的儿子支禄，都是贡生。而支禄的儿子支大纶，也考中了进士。以上这十条故事，虽然每人所做的各不相同，不过行的都是一个善字罢了。

若是要再精细地加以分类来说，那么做善事，有真的，有假的；有直的，有曲的；有阴的，有阳的；有是的，有不是的；有偏的，有正的；有一半的，有圆满的；有大的，有小的；有难的，有易的。这种种都各有各的道理，都应该仔细地辨别。若是做善事而不知道考究其中的道理，就自夸自己做善事，做得怎样有功德，哪里知道这不是在做善事，而是在造孽。这样做岂不是冤枉，白费苦心，得不到一些益处啊！

【经典原文】

何谓真假？昔有儒生数辈①，谒中峰和尚②。问曰："佛氏论善恶报应，如影随形。今某人善，而子孙不兴；某人恶，而家门隆盛，佛说无稽③矣。"中峰云："凡情未涤，正眼④未开，认善为恶，指恶为善，往往有之。不憾己之是非颠倒，而反怨天之报应有差乎？"众曰："善恶何致相反？"中峰令试言其状。一人谓："詈人殴人⑤是恶，敬人礼人是善。"中峰云："未必然也。"一人谓贪财妄取是恶，廉洁有守是善。中峰云："未必然也。"

【说文解字】

①数辈：数人。

②中峰和尚：法号明本，字幻住，号中峰，浙江钱塘人，俗姓孙。1263 年生，幼年睿敏，十五岁出家，参高峰禅师于雁荡山师子院。一日读金经有省，高峰授以“话头”，苦参十年，方始超脱。锋锐机敏，时称巨擘。二十四岁始剃头受具。高峰寂时，隐于湖海，晚年居天目山，仁宗召不出，赐衣号。元至治三年 (1323 年) 八月卒，寿六十一岁。元统中，赐号“普应国师”，著有《中峰广录》行世。

③无稽：无可查考，没有根据，不可信。

④正眼：佛教语，即正法眼藏。佛的心眼通达真理智慧，名“正法眼”，故能洞彻实相万德含藏之无尽“藏”。正法眼藏，《法华经》谓之“佛知见”，也就是由释尊付嘱迦叶，辗转相传，佛所彻悟的不可思议、无有分别的涅槃妙明真心。

⑤詈人殴人：即骂人、打人。

【古文今译】

什么是真假呢？从前有几位儒生，拜谒中峰和尚，问他说：“佛家说善恶报应，就像影子追随身体一样灵验。现在有一个人很好，但他的子孙却不兴旺；有一个人很坏，但他的家族却十分兴盛：佛家的说法看来是没有根据的。”

中峰和尚说：“凡人的情感没有涤荡干净，能认清事物本质的正眼没有打开，就会把善当作恶，把恶当作善，这也是常有的事。不去埋怨自己颠倒是非，却反而埋怨上天的报应有错误吗？”众人都说：“你说的善恶怎么会相反呢？”中峰和尚让他们试着举例来说明。一个人说：“骂人、打人是恶，尊敬、礼遇别人是善。”中峰和尚说：“不一定是这样的。”

一个人说：“贪图财物去拿本非自己的东西是恶，清廉有操守是善。”

中峰和尚说：“不一定是这样的。”

历史小剧场

朱冲还牛

在晋朝，有位官职很高的大臣，名叫朱冲。朱冲小的时候家里生活十分贫苦，由于没钱读书，他只好在家里种地放牛。

村子里有一家人，好吃懒做，并且平时爱占小便宜，经常故意把自家的牛赶到朱冲家的地里啃庄稼。因为这家人知道朱冲人老实，所以常常欺负朱冲。为什么这家人知道朱冲老实呢？原来，有一次朱冲的牛被邻居偷走了，当邻居感到懊悔来还朱冲牛时，朱冲不但没责怪邻居，还把牛送给了比自己更贫穷的邻居。

有一次，朱冲干完活正要回家，回头

时却发现那家的牛在吃自己家的庄稼。于是朱冲就割了一些草，打算连同啃吃他家庄稼的牛一起送到那户人家去。

朱冲到了那家后，对他们说：“你们家人少地多，顾不上照看牲口，它老是跑到别人家地里吃庄稼。我顺便割了一些草，连同牛一起给你们送回来了。”那家人见朱冲如此宽厚，又是羞愧又是感激，从此开始变得勤快起来，他们给牛割草，再也不让自家的牛去啃食别人家的庄稼了。

【经典原文】

众人历言其状，中峰皆谓不然，因请问。中峰告之曰：“有益于人，是善；有益于己，是恶。有益于人，则殴人、詈人皆善也；有益于己，则敬人、礼人皆恶也。是故人之行善，利人者公，公则为真；利己者私，私则为假。又根心①者真，袭迹②者假；又无为而为③者真，有为而为者假；皆当自考④。

【说文解字】

①根心：指出自本心。

②袭迹：谓沿袭他人的行径，不知变化地学样。

③无为而为：出自老子的无为思想，是一种对道的追寻方式，讲求道法自然。无为乃针对有为而言。

④自考：指自我考察，省察。

【古文今译】

众人都详细地说了各种情状，中峰和尚都说不一定这样。大家便请他解释一下。中峰和尚告诉他们说：“做对别人有益的事情，是善；做对自己有益的事情，是恶。”若是做的事情可以使别人得到益处，哪怕是骂人、打人，也都是善；而有益于自己的事情，那么就是恭敬人、用礼貌待人，也都是恶。所以一个人做的善事，使旁人得到利益的就是公，公就是真了；只想自己要得到利益，就是私，私就是假了。并且从良心上所发出来的善行是真，只不过是照例做做就算了的是假；还有，为善不求报答，不露痕迹，那么所做的善事，是真；但是为了某一种目的，企图有所得，才去做的善事，是假；像这样的种种，自己都要仔细地考察。

【经典原文】

何谓端曲？今人见谨愿[①]之士，类称为善而取之。圣人则宁取狂狷[②]。至于谨愿之士，虽一乡皆好，而必以为德之贼；是世人之善恶，分明与圣人相反。推此一端，种种取舍，无有不谬。天地鬼神之福善祸淫，皆与圣人同是非，而不与世俗同取舍。凡欲积善，决不可徇[③]耳目，惟从心源隐微处，默默洗涤。纯是济世之心则为端，苟有一豪媚世[④]之心即为曲；纯是爱人之心则为端，有一毫愤世之心即为曲；纯是敬人之心则为端，有一毫玩世之心即为曲；皆当细辨。

【说文解字】

①谨愿：谨慎，诚实之意。

②狂狷：指志向高远的人与拘谨自守的人。

③徇：顺从，曲从。

④媚世：取悦于世人。

【古文今译】

怎样叫作端曲呢？现在的人，看见谨慎不倔强的人，大都称他是善人，而且很看重他。然而古时的圣贤，却是宁愿欣赏志气高、只向前进的人，因为这种人才有担当、有作为，可以教导他，使他上进。至于那些看起来谨慎小心却是无用的好人，虽然在乡里大家都喜欢他，但是因为这种人的个性软弱，随波逐流，没有志气，所以圣人一定要说这种人是伤害道德的贼。这样看来，世俗人所说的善恶观念分明是和圣人相反。俗人说是善的，圣人反而说是恶；俗人说是恶的，圣人反而说是善。从这一个观念推广到各种不同的事情来说，俗人所喜欢的，或者是不喜欢的，完全不同于圣人。那还有不错的吗？天地鬼神庇佑善人报应恶人，他们都和圣人的看法是一样的，圣贤以为是对的，天地鬼神也以为是对的；圣贤以为是错的，天地鬼神也认为是错的，而不和世俗人采取相同的看法。

所以凡要积功德，绝对不可以被耳朵所喜欢的声音、眼睛所喜欢的景象所利用，而跟着感觉在走；必须要从起心动念隐微的地方，将自己的心默默地洗涤清净，不可让邪恶的念头污染了自己的心。所以全是救济世人的心是直，如果存有一些讨好世俗的心就是曲；全是爱人的心是直，如果有一丝一毫对世人怨恨不平的心就是曲；全是恭敬别人的心是直，如果有一丝玩弄世人的心就是曲；这些都应该细细地去分辨。

【经典原文】

何谓阴阳？凡为善而人知之，则为阳善；为善而人不知，则为阴德。阴德天报之，阳善享世名①。名，亦福也。名者，造物②所忌，世之享盛名而实不副者，多有奇祸③。人之无过咎而横被④恶名者，子孙往往骤发，阴阳之际微矣哉！

何谓是非？鲁国之法。鲁人有赎人臣妾⑤于诸侯，皆受金于府，子贡赎人而不受金。孔子闻而恶之，曰：“赐失之矣！”夫圣人举事，可以移风易俗⑥，而教道可施于百姓，非独适己之行也。今鲁国富者寡而贫者众，受金则为不廉，何以相赎乎？自今以后，不复赎人于诸侯矣。

【说文解字】

①世名：世上的名声。

②造物：造化，是命运的意思。这里指创造万物的天地。

③奇祸：使人不测的、出人意料的灾祸；横祸。

④横被：广泛覆盖，遍及之意。

⑤臣妾：此处所指臣、妾，都是穷苦人家卖身给贵族，男的称“臣”，女的称“妾”。另外两国交战，俘获对方的俘虏，收为奴隶，男女也称“臣妾”。

⑥移风易俗：指改变旧的风俗习惯。

【古文今译】

什么叫作阴阳呢？凡是一个人做善事被人知道，叫作阳善；做善事而别人不知道，叫作阴德。有阴德的人，上天自然会知道并且会报酬他的。有阳善的人，大家都晓得他，称赞他，他便享受世上的美名。享受好名声，虽然也是福，但是名这个东西为天地所忌？天地是不喜欢爱名之人的。在世界上享受极大名声的人，而他实际上没有功德，常会遭遇料想不到的横祸；并没有过失差错，反倒被冤枉，无缘无故被人栽上恶名的人，他的子孙常常会忽然间发达起来。这样看来，阴德和阳善的分别真是细微得很，不可以不加以分辨啊！

怎样叫作是非呢？从前春秋时期的鲁国定有一种法律，凡是鲁国人被别的国家抓去做奴隶，若有人肯出钱把这些人赎回来，就可以向官府领取赏金。但是孔子的学生子贡，他很有钱，虽然也替人赎回被抓去的人，却不肯接受鲁国的赏金。他不肯接受赏金，纯粹是帮助他人，本意是很好。但是孔子听到之后，很不高兴地说：“这件事子贡做错了。”凡是圣贤，无论做什么事情，都是要做了以后，能把风俗变好，可以教训、引导百姓做好人，这种事才可以做；不是单单为了自己觉得爽快称心就去做的。现在鲁国富有的人少，穷苦的人多；若是受了赏金就算是贪财，那么不肯受贪财之名的人和钱不多的人，就不肯去赎人了。一定要很有钱的人才会去赎人。如果这样的话，恐怕从此以后就不会再有人向诸侯赎人了。

【经典原文】

子路①拯人于溺，其人谢之以牛，子路受之。孔子喜曰：“自今鲁国，多拯人于溺矣！”自俗眼观之，子贡不受金为优，子路之受牛为劣。孔子则取由而黜②赐焉。乃知人之为善，不论现行，而论流弊③；不论一时，而论久远；不论一身，而论天下。

【说文解字】

①子路：即仲由(前542—前480)，字子路，又字季路，卫国人。孔子的得意门生。

②黜：罢免；革除；贬低。

③流弊：指某事引起的坏作用，也指相沿下来的弊端。

【古文今译】

子路看见一个人跌在水里，把他救了上来。那个人就送一只牛来答谢子路，子路就接受了。孔子知道后，很欣慰地说："从今以后，鲁国就会有很多人自动到深水大河中去救人了。"这两件事，用世俗的眼光来看，子贡不接受赏金是好的，子路接受牛是不好的。不料孔子反而称赞子路，责备子贡。照这样看来，要知道一个人做善事，不能只看眼前的效果，而要讲究是不是会产生流传下去的弊端；不能只论一时的影响，而是要讲究长远的是非；不能只论个人的得失，而是要讲究它关系天下大众的影响。

漫画小学堂

可是，怎么算是真的在做善事呢？我是好心想要帮忙啊！
有位中峰禅师也曾被人问过这个问题，他说问题的关键在于做这件事是对别人有益还是有害，如果对别人有益，就是善；对自己有益则是恶。
这还有区别吗？
我跟这位中峰禅师看法一致。而且我还要加一点，有时候做好事不能光看短期的效果，也要从长远考虑。
当然了，鲁国曾经有个法律，把被别国抓的鲁国人赎回来，可以领赏金。子贡赎人不要官府的赏金，被我批评了；子路救人，收了那人感谢他的牛，被我表扬了！
救人不要钱您还批评，救人收东西还表扬？我不理解，并大受震撼。
子贡赎人不要钱会让不够富有的人不愿意去赎人，但是子贡救人收了人家的东西，反而能鼓励大家都去做好事，所以才要让大家都去学子贡。

【经典原文】

现行虽善，而其流[①]足以害人，则似善而实非也。现行虽不善，而其流足以济人，则非善而实是也。然此就一节论之耳。他如非义之义，非礼之礼，非信之信，非慈之慈，皆当抉择。

何谓偏正？昔吕文懿公[②]初辞相位，归故里，海内仰之，如泰山北斗[③]。有一乡人，醉而詈之，吕公不动，谓其仆曰："醉者勿与较也。"闭门谢之。逾年，其人犯死刑入狱。吕公始悔之曰："使当时稍与计较，送公家责治，可以小惩而大戒；吾当时只欲存心于厚，不谓养成其恶，以至于此。"此以善心而行恶事者也。

【说文解字】

①流：流传。

②吕文懿公：本名吕原，字逢源，生于永乐十六年(1416年)，卒于英宗天顺六年(1462年)。浙江秀水县人，明英宗正统间进士，位至宰相，四十五岁卒，谥"文懿公"。

③泰山北斗：泰山，即东岳，在山东省泰安市；北斗，北斗星。比喻道德高、名望重或有卓越成就为众人所敬仰的人。

【古文今译】

现在所行，虽然不是善，但是如果流传下去，能够帮助人，那就虽然像不善，实际却是善：这只不过是拿一件事情来讲讲罢了。说到其他种种，还有很多。例如：一个人应该做的事情叫义，但是有的时候，做该做的事也会做错，做了反而坏事。譬如坏人，可以不必宽放他，有人宽放他，这事情不能说不是义；但是宽放了这个坏人，反而使他的胆子更大，坏事做得更多；结果旁人受害，自己也犯罪；倒不如不要宽放他，给他警诫，使他不再犯罪得好。不宽放他，是非义；使这个人不再犯罪，是义；这就叫作非义之义。礼貌是人人应该有的，但是要有分寸，用礼貌对待人，是礼；但若是过分，反而使人骄傲起来，就成为非礼了，这就叫作非礼之礼。信用虽要紧，但是也要看状况。譬如：顾全小的信用，是信；要顾全小信，却误了大事，反而使得大信不能顾全，此变成非信了，这就叫非信之信。爱人本来是慈，但是因为过分的慈爱反而使人胆子变大，闯出大祸，那就变成不慈了，这就叫非慈之慈。这些问题，都应该细细地加以判断，分辨清楚。

什么叫作偏正呢？从前明朝的宰相吕文懿公刚刚辞掉宰相的官位，回到家乡来，因为他做官清廉、公正，全国的人都敬佩他，就像是群山拱卫着泰山，众星环绕着北斗星一样。独独有一个乡下人，喝醉酒后，谩骂吕公。但是吕公并没有因为被他骂而生气，并向自己的仆人说：“这个人喝酒醉了，不要和他计较。”吕公就关了门，不理睬他。过了一年，这个人犯了死罪入狱，吕公方才懊悔地讲：“若是当时同他计较，将他送到官府治罪，可以借小惩罚而收到大警诫的效果，他就不至于犯下死罪了。我当时只想心存厚道，所以就轻易放过他；哪知道，反而养成他天不怕地不怕的亡命之徒的恶性。他以为就算是骂宰相也没什么大不了，一直到犯下死罪，送了性命。”这就是存善心反倒做了恶事的一个例子。

【经典原文】

又有以恶心而行善事者。如某家大富，值岁荒[①]，穷民白昼抢粟于市；告之县，县不理，穷民愈肆；遂私执而困辱之，众始定，不然几乱矣。故善者为正，恶者为偏，人皆知之。其以善心而行恶事者，正中偏也；以恶心而行善事者，偏中正也。不可不知也。何谓半满？易曰：“善不积，不足以成名；恶不积，不足以灭身。”《书》[②]曰：“商罪贯盈[③]，如贮物于器。”勤而积之，则满；懈而不积，则不满。此一说也。

【说文解字】

①岁荒：指荒年，收成不好。

②书：指《尚书》。

③贯盈：贯是钱串；盈是满。以绳穿钱，穿满了一贯。多形容罪恶极大。

【古文今译】

也有存恶心反倒做了善事的例子。如有一个大富人家，碰到荒年，穷人们大白天在市场上抢他家的米；这个大富人家便告到县官那里，县官偏偏又不受理这个案子，穷人因此胆子更大，愈加放肆横行了。于是这个大富人家就私底下把抢米的人捉起来关押，还出他的丑，那些抢米的人怕这大富人家捉人，反倒安定下来、不再抢了。若不是因为这样，市面上几乎大乱了。所以善是正，恶是偏，这是大家都知道的。但是也有存善心反倒做了恶事的例子，这是存心虽正，结果正成偏，只可称作正中的偏；而存恶心反倒做了善事的例子，这是存心虽偏，结果反成正，只可称作偏中的正。这种道理大家不可不知道。怎样叫作半满的善呢？《易经》上说：“一个人不积善，不会成就好的名誉；不积恶，则不会有杀身的大祸。”《书经》上说：“商朝的罪孽已经盈满了，如同器皿中盛满了东西。”如果你很勤奋，天天去储积，那么终有一天就会积满。如果懒惰些，不去收藏积存，那就不会满。所说的积善、积恶，也像储存东西一样。这是讲半善满善的一种说法。

历史小剧场

观器论道

孔子参观周王室太庙时看到欹器。孔子问守庙的人说：“这是什么器具呢？”守庙的人回答说：“这是宥座之器。”孔子说：“我听说宥座之器盛满水就会倾覆，空了就斜着，水装到一半时就会垂直，是这样的吗？”守庙人回答说：“是这样的。”孔子让子路取水来试，果然水满便倾覆，空了就斜着，装到一半时就垂直而立。孔子长叹道：“唉，哪有满了而不翻倒的呢？”子路问：“有没有装满又不倾倒的方法吗？”孔子说：“德行宽裕的人，守之以谦恭；土地广大的人，守之以勤俭；禄位尊盛者，守之以卑弱；人众兵强的人，守之以敬畏；聪明睿智的人，守之以愚笨；博闻强记的人，守之以肤浅。这就是抑损的方法啊。”

【经典原文】

昔有某氏女人寺，欲施而无财，止有钱二文，捐而与之，主席[1]者亲为忏悔；及后入宫富贵，携数千金入寺舍之，主僧[2]惟令其徒回向而已。因问曰：“前施钱二文，师亲为忏悔，今施数千金，而师不回向，何也？”曰：“前者物虽薄，而施心甚真，非老僧亲忏，不足报德。今物虽厚，而施心不若前日之切，令人代忏足矣。”此千金为半，而二文为满也。

钟离[3]授丹于吕祖[4]，点铁为金[5]，可以济世。吕问曰：“终变否？”曰：“五百年后，当复本质。”吕曰：“如此，则害五百年后人矣，吾不愿为也。”曰：“修仙要积三千功行，汝此一言，三千功行已满矣。”此又一说也。

【说文解字】

①主席：这里指寺观的住持。

②主僧：佛寺的住持。

③钟离：即汉钟离，东汉人。传说八仙中资格较老的一位神仙，在道教信仰中影响很大。根据道教经典的说法，他是一位很有传奇色彩的人物。

④吕祖：即吕洞宾。天下道教主流全真道祖师，原名吕岩，字洞宾，道号纯阳子，于唐德宗贞元十二载丙子年(796年)农历四月十四生于永乐县招贤里(今山西省芮城县永乐镇)，是著名的道教仙人，八仙之一，道教全真派北五祖之一，相传于北宋时期聚仙会时应铁拐李之邀在石笋山列入八仙。

⑤点铁为金：原指用手指一点使铁变成金的法术。比喻修改文章时稍稍改动原来的文字，就使它变得很出色。

【古文今译】

从前有一户人家的女子，到佛寺里去，想要送些钱给寺里，可惜身上没有多少钱，只有两文钱，就拿来布施给和尚。而寺里的首席和尚竟然亲自替她在佛前回向，求忏悔灭罪。后来这位女子进了皇宫做了贵妃，富贵之后，便带了几千两的银子来寺里布施。但是这位主僧却只是叫他的徒弟替那个女子回向罢了。那个女子不懂，前后两次的布施为什么待遇差别如此之大，就问主僧说：“我从前不过布施两文钱，师父就亲自替我忏悔。现在我布施了几千两银子，而师父不替我回向，不知是什么道理？”主僧回答她说：“从前布施的银子虽然少，但是你布施的心很真切虔诚，所以非我老和尚亲自替你忏悔，便不足以报答你布施的功德。现在布施的钱虽然多，但是你布施的心不像从前真切，所以叫人代你忏悔，也就够了。”这就是几千两银子的布施只算是半善，而两文钱的布施却算是满善，道理在此。

汉朝人钟离把他炼丹的方法传给吕洞宾，用丹点在铁上，铁就能变成黄金，可拿来救济世上的穷人。吕洞宾问钟离说：“变了金，到底会不会再变回铁呢？”钟离回答说：“五百年以后，仍旧要变回原来的铁。”吕洞宾听了说：“像这样就会害了五百年以后的人，我不愿意做这样的事情。”钟离教吕洞宾点铁成金，不过是试试他的心而已。现在知道吕洞宾存心善良，所以对他说：“修仙要积满三千件功德，听你这句话，你的三千件功德已经做圆满了。”这是半善满善的又一种讲法。

国学小课堂

八仙是指民间广为流传的道教八位神仙。八仙之名，明代以前说法不一，有汉代八仙、唐代八仙、宋元八仙，所列神仙各不相同。

直到明代吴元泰《东游记》之后，人们才确定八仙分别是铁拐李（李玄）、汉钟离（钟离权）、张果老、蓝采和、何仙姑、吕洞宾（吕岩）、

韩湘子和曹国舅（曹景休）。八仙分别代表着男、女、老、少、富、贵、贫、贱八种人。由于八仙均为凡人得道，所以个性与百姓接近。所持的檀板、扇子、洞箫、渔鼓、宝剑、葫芦、荷花、花篮等八种物品称之为“八宝”。

中国人很尊敬“八仙”，吕洞宾是其中一位，汉朝钟离权也是一位。吕洞宾当年跟钟离权学点铁成金术，钟离权告诉他：“点铁为金，可以济世。”你“点铁成金”可以帮助一些贫困人，帮助他发财，帮助他富裕，解决他的贫困问题。吕洞宾问：“此金以后会不会再变为铁？”钟离权告诉他：“五百年后金才会变成铁。”吕洞宾说：“如此，则害了五百年后的人！这样的事情我不愿意。”

【经典原文】

又为善而心不著[1]善，则随所成就，皆得圆满；心著于善，虽终身勤励[2]，止于半善而已。譬如以财济人，内不见己，外不见人，中不见所施之物，是谓三轮体空[3]，是谓一心清净，则斗粟可以种无涯[4]之福，一文可以消千劫[5]之罪。倘此心未忘，虽黄金万镒[6]，福不满也。此又一说也。

【说文解字】

①著：执着。

②勤励：也作“勤厉”。勤劳奉勉。

③三轮体空：佛教语。又称三事皆空、三轮清净。指布施时住于空观，不执着能施、所施及施物三轮。

④无涯：没有边际。

⑤劫：道教和佛教中的用语，意思是无限长。有大劫、中劫、小劫之分。从人的寿命十岁算起，每遇百年加一岁，直加到人命八万四千岁。到八万四千岁，每过百年，再减一岁，一直减到十岁，像这样的一个伸缩时间单位叫一小劫，总数是16800000年。二十小劫为一中劫，八十中劫为一大劫。

⑥镒：古代的重量单位，二十两为一镒（一说二十四两为一镒）。

【古文今译】

一个人做善事而内心不可叨念，仿佛自己做了一件不得了的善事；能够这样，那么就随便你所做的任何善事都能够成功而且圆满。若是做了件善事，这个心就牢记在这件善事上；虽然一生都很勤勉地做善事，也只不过是半善而已。譬如拿钱去救济人，要内不见布施的我，外不见受布施的人，中不见布施的钱，这才叫作三轮体空，也叫作一心清净。如果能够这样地布施，纵使布施不过一斗米，也可以种下无边无涯的福了；即使布施一文钱，也可以消除一千劫所造的罪了。如果这个心，不能够忘掉所做的善事；虽然用了二十万两黄金去救济别人，还是不能够得到圆满的福。这又是一种说法。

【经典原文】

何谓大小？昔卫仲达为馆职[①]，被摄[②]至冥司[③]，主者命吏呈善恶二录，比至，则恶录盈庭，其善录一轴，仅如箸而已。索秤称之，则盈庭者反轻，而如箸者反重。仲达曰："某年未四十，安得过恶如是多乎？"曰："一念不正即是，不待犯也。"因问轴中所书何事？曰："朝廷尝兴大工，修三山[④]石桥，君上疏谏之，此疏稿也。"仲达曰："某虽言，朝廷不从，于事无补，而能有如是之力。"曰："朝廷虽不从，君之一念，已在万民；向使听从，善力更大矣。"故志在天下国家，则善虽少而大；苟在一身，虽多亦小。

【说文解字】

①馆职：翰林院的官员。

②摄：捕捉。

③冥司：地府、阴间。

④三山：现福州城中有三座山，东面的叫九仙山，西面的叫闽山，北边的叫越王山，统称三山。因此有人称福州为“三山”。

【古文今译】

怎么叫作大善小善呢？从前有一个人叫作卫仲达，在翰林院里做官，有一次被鬼卒把他的魂引到了阴间。阴间的主审判官吩咐手下的书办，把他在阳间所做的善事、恶事两种册子送上来。等册子送到一看，他的恶事册子多得竟摊满了一院子，而善事的册子只不过像一支筷子那样小罢了。主审官又吩咐拿秤来称称看，那摊满院子的恶册子反而比较轻，而像一支筷子那样小卷的善册子反而比较重。卫仲达就问说：“我年纪还不到四十岁，哪会犯了这么多的过失罪恶呢？”主审官说：“只要一个念头不正，就是罪恶，不必等到你去犯，譬如看见女色，动了坏念头，那就是犯过。”因此，卫仲达就问这善册子里记的是什么。主审官说：“皇帝有一次曾想要兴建大工程，修三山地方的石桥。你上奏劝皇帝不要修，免得劳民伤财，这就是你的奏章底稿。”卫仲达说：“我虽然讲过，但是皇帝不听，还是动工了，对那件事情的进行并没有发生作用，这份疏表怎么还能有这样大的力量呢？”主审官说：“皇帝虽然没有听你的建议，但是你这个念头，目的是要使千万百姓免去劳役；倘使皇帝听你的，那善的力量就更大了！”所以立志做善事，目的在利益天下国家百姓，那么善事纵然小，功德却很大。假使只为了利益自己一个人，那么善事虽然多，功德却很小。

国学小课堂

我国“四大名刹”都在哪？

佛塔顶上所立之柱及相轮、宝盖等附属物，统称为刹。佛寺、佛塔也可以别成为刹，唐代地理学家李吉甫编纂的《十道图》中，把山东济南的灵岩寺、江苏南京的栖霞寺、浙江天台的国清寺和湖北当阳的玉泉寺合誉为“域内四绝”，也就是中国古代最著名的“四大名刹”。

【经典原文】

何谓难易？先儒①谓克②己须从难克处克将去，夫子论为仁③，亦曰先难。必如江西舒翁，舍二年仅得之束脩④，代偿官银⑤，而全人夫妇。

与邯郸张翁，舍十年所积之钱，代完赎银[6]，而活人妻子。皆所谓难舍处能舍也。如镇江靳翁，虽年老无子，不忍以幼女为妾，而还之邻，此难忍处能忍也。所以上天赐给他们这几位老先生的福也特别的丰厚。凡有财有势者，其立德皆易。易而不为，是为自暴。贫贱作福皆难，难而能为，斯可贵耳。故天降之福亦厚。随缘济众，其类至繁，约言其纲，大约有十：第一，与人为善；第二，爱敬存心；第三，成人之美；第四，劝人为善；第五，救人危急；第六，兴建大利；第七，舍财作福；第八，护持正法；第九，敬重尊长；第十，爱惜物命。

【说文解字】

①先儒：先世儒者，已去世的儒者。泛指古代儒者。

②克：战胜，改正。

③夫子论为仁：见《论语·雍也》篇。樊迟问仁，曰：“仁者先难而后获！”

④束脩：古代学生与教师初见面时为表达敬意向老师奉赠的礼物，相当于现在的学费。

⑤官银：古代词汇，即官府的银钱。民间或官员不能使用，是用来入库的。也就是每个省的税收，财政收入。

⑥赎银：用以赎罪的银钱。

【古文今译】

怎么叫作难行易行的善呢？从前有学问的读书人都说克制自己的私欲，要从难除去的地方先除起。孔子的弟子樊迟，问孔子怎样叫作仁？孔子也说，先要从难的地方下功夫。孔子所说的难，也就是除掉私心；并应该先从最难做、最难克服的地方做起。一定要像江西的一位舒老先生，他在别人家教书，把两年所仅得的薪水帮助一户穷人，还了他们所欠公家的钱，从而免除了他们夫妇被拆散的悲剧。又像河北邯郸县的张老先生，看到一个穷人，把妻儿抵押了，钱也用了；若是没有钱去赎回，恐怕妻儿都要活不成了。于是就舍弃他十年的积蓄，替这个穷人赎回他的妻儿。像舒老先生、张老先生，都是在最难处、旁人不容易舍的，他们竟然能够舍得啊！又像江苏省镇江的一位靳老先生，年老没有儿子，虽然他的穷邻居愿意把一个年轻的女儿给他做妾，愿能为他生一个儿子。但是这位靳老先生不忍心误了她的青春，还是拒绝了，就把这女子送还邻居。这又是最难忍受而能够忍得住的事呀！凡是有财有势的人要立些功德，比平常人来得容易。但是容易做却不肯做，那就叫作自暴自弃了。而没钱没势的穷人要做些福，都会有很大的困难，难做到而能做到，这才真是可贵啊！这就是佛门里常讲的“随喜功德”——随缘随力地帮助社会大众。“其类至繁”，随缘的功德太多太多了，略举十大类。第一与人为善，第二爱敬存心，第三成人之美，第四劝人为善，第五救人危急，第六兴建大利，第七舍财作福，第八护持正法，第九敬重尊长，第十爱惜物命。

【经典原文】

何谓与人为善？昔舜在雷泽，见渔者，皆取深潭厚泽，而老弱则渔于急流浅滩之中。恻然[①]哀之。往而渔[②]焉，见争者，皆匿其过而不谈；见有让者，则揄扬[③]而取法[④]之。期年[⑤]，皆以深潭厚泽相让矣。

【说文解字】

①恻然：哀怜、悲伤的样子。

②渔：动词，捕鱼，捕捞。

③揄扬：称誉；赞扬。

④取法：指取以为法则；效法。

⑤期年：一年。

【古文今译】

什么叫作与人为善呢？从前虞朝的舜，在他还没有做君主之前，在雷泽湖边看见年轻力壮的渔夫都拣湖水深处去抓鱼；而那些年老体弱的渔夫，都在水流得急而且水较浅的地方抓。舜看见这种情形，心里面悲伤哀怜他们，就想了一个方法，他自己也去参加捉鱼，看见那些喜欢抢夺的人，就把他们的过失掩盖起来，而且也不对外讲；看见那些比较谦让的渔夫，便到处称赞他们，拿他们做榜样，并且学习他们谦让的模样。像这样，舜抓了一年的鱼，大家都把水深鱼多的地方让出来了。

漫画小学堂

谁知道什么叫作与人为善？
我知道！出自善意的帮助别人就叫与人为善。
哦？可否具体？
从前，我看见很多年轻人去湖水深处抓鱼；年老体弱的都在水流急的地方抓鱼。我没有直接劝说。
为什么不说呢？
我直接去做了，我自己去水浅鱼少的地方抓，对于谦让老人的人就夸赞他，还让大家都学习他们谦让的样子。就这样，抓了一年的鱼。
最后结果如何？
大家都学会了谦让，把水深鱼多的地方都让出来了！
我也替河里的鱼谢谢你！

【经典原文】

夫以舜之明哲[①]，岂不能出一言教众人哉？乃不以言教，而以身转之，此良工苦心[②]也。吾辈处末世[③]，勿以己之长而盖[④]人，勿以己之善而形[⑤]人，勿以己之多能而困人。收敛才智，若无若虚；见人过失，且涵容[⑥]而掩覆[⑦]之。

【说文解字】

①明哲：聪明睿智。

②良工苦心：形容优秀工匠在创作的过程中费尽心思。泛指用心良苦。

③末世：指一个衰亡的时代。

④盖：遮蔽、掩盖之意。

⑤形：比的意思。以己之长，较人之短，以凸显自己了不起。

⑥涵容：宽容；包涵。

⑦掩覆：掩藏，掩饰。

【古文今译】

那么像舜那样明白聪明的圣人，为什么不说几句中肯的话，来教化众人，而一定要亲自参与呢？要晓得舜不用言语来教化众人，而是拿自己做榜样，使人见了，感觉惭愧而改变自己的自私心理，这真是一个用心良苦的人所费的苦心啊！我们生在这个人心风俗败坏的末世时代，做人很不容易。因此，旁人有不如我的地方，不可以拿自己的长处去盖过旁人；旁人有不善的事情，不可以把自己的善来和别人比较；别人能力不及我，不可以用自己有的能力来为难别人。自己纵然有才干聪明，也要收敛起来，不可以外露炫耀，应该像是没有聪明才干一样；看到别人有过失，姑且替他包含掩盖。

历史小剧场

舜的仁爱

舜是我国古代一位有名的君主。他道德高尚，孝顺父母，关爱弟兄。

据说舜姓姚，他小时候母亲就去世了，父亲又是个盲人。后来父亲又娶了妻子，生了一个男孩叫象。象好吃懒做，又经常在父母面前说哥哥舜的坏话。老夫妻俩和象常在一块儿密谋，要找机会害死舜，好让象一个人继承全部财产。但是舜并不介意，他十分孝顺自己的盲人父亲，对待后母和同

父异母的弟弟象也很好。

部落联盟首领尧听说舜的事情后，决定考验考验舜。他把自己的两个女儿娥皇和女英都嫁给了舜，还让舜协助自己管理一些事务。舜的父亲和异母弟象得知舜娶了尧的女儿，有了财产又起了坏心。

有一回，父亲叫舜修补粮仓的顶。当舜用梯子爬上仓顶的时候，他父亲把梯子抽走了，还在下面放起火来，想把舜烧死。幸好舜随身带着两顶遮阳用的笠帽。他双手拿着笠帽，像飞鸟展翅一样跳了下来。笠帽随风飘荡，舜轻轻地落在地上，一点儿也没受伤。

父亲又叫舜去淘井。舜跳下井后，父亲和象就把一块块土石丢下去，想把舜活活埋在里面。没想到舜下井后在井边掘了一个孔道，钻了出来，又安全地回家了。此后舜还是像过去一样和和气气地对待他的父母和弟弟，父亲和象被感动了，不再暗害舜了。

【经典原文】

一则令其可改，一则令其有所顾忌而不敢纵。见人有微长可取，小善可录，翻然[①]舍己而从之，且为艳称[②]而广述之。凡日用间，发一言，全不为自己起念，全是为物[③]立则[④]，此大人[⑤]天下为公之度也。何谓爱敬存心[⑥]？君子与小人，就形迹[⑦]观，常易相混。惟一点存心处，则善恶悬绝[⑧]，判然[⑨]如黑白之相反。故曰："君子所以异于人者，以其存心也。"君子所存之心，只是爱人敬人之心。盖[⑩]人有亲疏贵贱，有智愚贤不肖，万品不齐，皆吾同胞，皆吾一体，孰非当敬爱者？

【说文解字】

①翻然：形容改变得很快而彻底。

②艳称：赞扬，赞美。

③物：社会大众。

④立则：建立规则，树立榜样。

⑤大人：是指道德至高、臻于圣贤地位的人。

⑥存心：用心，存在的念头。

⑦形迹：人的言行和外貌。

⑧悬绝：指相差悬殊，相差极远。

⑨判然：形容差别特别分明。

⑩盖：发语词。此处应作“由于”解。

【古文今译】

像这样，一方面可以使他有改过自新的机会，另一方面可以使他有所顾忌而不敢放肆。若是扯破面皮，他就没有顾忌了。看到旁人有些小的长处可以学的，或有小的善心善事可以记的，都应该立刻翻转过来，放下自己的主见，学他的长处；并且称赞他，替他广为传扬。一个人在平常生活中，不论讲句话或是做件事，全不可为自己发起一种自私自利的念头；而要全为了社会大众设想，立出一种规则来，使大众可以通行遵守，这才是一位伟大的人物，这才是把天下所有的一切都看作是公而不是私的度量呢！什么叫作爱敬存心呢？君子与小人，从外貌来看，常常容易混淆，分不出真假。只有这一点存心，君子是善，小人是恶，彼此相去很远，他们的分别，就像黑白两种颜色，绝对相反不同。所以孟子说：“君子与常人不同的地方，就是他们的存心啊！”君子所存的心，只有爱人敬人的心。因为人虽然有亲近的、有疏远的、有尊贵的、有低微的、有聪明的、有愚笨的、有讲道德的、有下流的，有千千万万不同的种类；但是这些都是我们的同胞，都是和我们一样有生命、有血有肉、有感情，哪一个不该爱他敬他呢？

漫画小学堂

父亲，我听说君子跟小人，从外表上来看是看不出来的，是这样吗？
确实是。
从他们的本心出发，君子是善，小人是恶。君子行善事，小人行利己之事。
那怎么区分呢？
那这种区别短时间内看不出来吧？
那是自然。看到别人做一件善事，或者资质够好，就好好地引导他、夸赞他，让他有希望成为韩愈口中，能著书劝人的有大功德的人啊！
我就从来不做坏事，肯定是个君子，父亲快来夸我吧，以后我也写书！
我说了，是有希望，不是一定能！

【经典原文】

爱敬众人，即是爱敬圣贤；能通众人之志，即是通圣贤之志。何者？圣贤之志，本欲斯①世斯人，各得其所。吾合爱合敬，而安一世之人，即是为圣贤而安之也。何谓成人之美？玉之在石，抵掷②则瓦砾，追琢则圭璋③。

【说文解字】

①斯：指示代词，这。

②抵掷：扔，投掷。

③圭璋：古代礼玉的一种，为瑞信之器。圭是古时君王的饰物，国家大典时佩带，上小下方，大小不一。璋是将圭切成对半，通常祭祀时佩用。

【古文今译】

爱敬众人，就是爱敬圣贤之人；能够明白众人的意思，就是明白圣贤之人的意思。为什么呢？因为圣贤人本来都希望世界上的人，大家都能安居乐业，过着幸福美满的生活。所以，我们能够处处爱人，处处敬人，使世上的人个个平安幸福，也就可以说是代替圣贤使这个世界上人人都能够平安快乐了。什么叫作成人之美呢？举例来说，若是把一块里面有玉的石头随便丢掉抛弃，那么这块里面有玉的石头也只不过是和瓦片碎石一样，一文不值了；若是把它好好地加以雕刻琢磨，那么这块石头就成了非常珍贵的宝物圭璋了。

【经典原文】

故凡见人行一善事，或其人志可取而资可进，皆须诱掖①而成就之。或为之奖借②，或为之维持。或为白③其诬④而分其谤，务使之成立而后已。大抵⑤人各恶其非类⑥。乡人之善者少，不善者多。善人在俗，亦难自立。且豪杰铮铮⑦，不甚修形迹⑧，多易指摘⑨；故善事常易败，而善人常得谤；惟仁人长者，匡直⑩而辅翼⑪之，其功德最宏。

【说文解字】

①诱掖：引导和扶持。

②奖借：称赞推许。

③白：表明；辩白；得昭雪。

④诬：即诬陷、冤枉。

⑤大抵：大概。

⑥非类：与自己思想、意见、党派不同的人。

⑦铮铮：金属撞击的声音。引申为刚正不阿的样子。

⑧形迹：这里指人外在的仪容。

⑨指摘：指责。

⑩匡直：犹匡正，纠正。

⑪辅翼：辅助，帮助。

【古文今译】

一个人也是如此，也全是靠劝导提引。所以看到别人做一件善事，或者是这个人立志向上，而他的资质足以造就的话，就应该好好地引导他，提拔他，使他成为社会上的有用之才；或是夸赞他，激励他，扶持他。若是有人冤枉他，就替他辩解冤屈，来替他分担无端的毁谤，可以设法代替他，顶替他被毁谤的事实，减轻他所受的毁谤，这样叫作分谤；务必要使他能够立身于社会，而后才算是尽了我的心意。大概通常的人，对那些与他不同类型的人，都不免有厌恶感，譬如小人恨君子，恶人恨善人。在同一个乡里的人，都是善的少，不善的多。正因为不善的人很多，善的人少，所以善人处在世俗里，常常被恶人欺负，很难立得住脚。况且豪杰的性情大多数是刚正不屈，并且不注意修饰外表，世俗的眼光，见识不高，只看外表，就说长道短，随便批评；所以做善事也常常容易失败，善人也常常被人毁谤。碰到这种情形，只有全靠仁人长者，才能纠正那些邪恶不正的人，教导指引他们改邪归正，保护、帮助善人，使他成立。像这样辟邪显正的功德，实在是最大的。

【经典原文】

何谓劝人为善？生为人类，孰无良心？世路[1]役役[2]，最易没溺[3]。凡与人相处，当方便提撕[4]，开其迷惑。譬犹长夜大梦，而令之一觉；譬犹久陷烦恼，而拔[5]之清凉，为惠最溥[6]。韩愈云：一时劝人以口，百世劝人以书。较之与人为善，虽有形迹，然对证[7]发药，时有奇效，不可废也。失言失人，当反吾智。

【说文解字】

①世路：犹世道，指社会状况。

②役役：劳苦不息的样子。

③没溺：沉没。

④提撕：拉扯；提携。

⑤拔：改变。

⑥溥：广大之意。

⑦证：同“症”，症状。

【古文今译】

什么叫作劝人为善呢？一个人既然已经生在世上做了人，哪一个没有良心呢？但是因为汲汲地追逐名利，弄得这世间忙禄不堪，只要有名利可得，就昧着良心，不择手段地去做，那就最容易堕落了。所以与别人往来相处，时常要留心观察这个人，若是看他要堕落了，就应该随时随地提醒他，警告他。譬如，看见他在长夜里做了一个浑浑噩噩的梦，一定要叫唤他，使他赶快清醒；又譬如看他长久陷落在烦恼里，一定要提拔他一把，使他头脑转为清凉。像这样以恩待人，功德是最周遍、最广大的了。从前韩文公曾说：以口来劝人，只在一时，事情过了也就忘了；并且别处的人无法听到。以书来劝人，可以流传到百世，并且能传遍世界；所以做善书，有立言的大功德。劝善同与人为善相比，虽然较注重形式的痕迹，但是这种对症下药的事，时常会有特殊的效果，这种方法是不可以放弃的。如果出现劝人言语不对机，或者当劝未劝失去忌讳的过失，都应该反省我们的智慧是否足够。

【经典原文】

何谓救人危急？患难颠沛[①]，人所时有。偶一遇之，当如痌瘝[②]之在身，速为解救。或以一言伸其屈抑[③]；或以多方济其颠连[④]。崔子[⑤]曰：“惠不在大，赴人之急可也。”盖仁人之言哉！

【说文解字】

①颠沛：指生活困顿，不稳定，或遇挫折。

②痌瘝：同“痌瘝”，疾苦之意。痌，创伤、溃烂。瘝，

疾病、疾苦。

③屈抑：枉屈，压抑。

④颠连：困顿不堪，困苦

⑤崔子：崔铣(1478—1541)，明代乐安人，字子锺，又仲亮、后渠。孝宗弘治十八年进士，学宗朱程，官至礼部侍郎。卒于世宗嘉靖二十年，享年六十四岁。著有《读易余言》等书，明史有传。

【古文今译】

什么叫作救人危急呢？患难颠沛的事情，在人的一生当中，都是常有的。假使偶尔碰到患难危急的人，应该将他的痛苦当作是发生在自己的身上一样，赶快设法解救，看他有什么被人冤屈压迫的事情，或是用话语帮助他申辩明白，或是用种种的方法来救济他的困苦。明朝的崔子曾经说："恩惠不在乎大小，只要在别人危急的时候赶紧去帮助他就可以了。"这句话真正是仁者的话呀！

【经典原文】

何谓兴建大利①？小而一乡之内，大而一邑之中，凡有利益，最宜兴建。或开渠导水；或筑堤防患；或修桥梁以便行旅②；或施茶饭以济饥渴。随缘劝导，协力兴修，勿避嫌疑，勿辞劳怨。何谓舍财作福？释门[3]万行，以布施为先。所谓布施者，只是舍之一字耳。达者内舍六根，外舍六尘，一切所有，无不舍者。苟非能然，先从财上布施。世人以衣食为命，故财为最重。吾从而舍之，内以破吾之悭[4]，外以济人之急，始而勉强，终则泰然，最可以荡涤私情[5]，祛除执吝[6]。

【说文解字】

①大利：这里指有利于社会、有利于人民大众的事。

②行旅：行人，过往的旅客。

③释门：即佛门。释，指释迦牟尼的姓。佛门出家人，自东晋道安法师以来，皆从释姓，故佛门亦称释门或释氏。

④悭：小气，吝啬。

⑤私情：自己自私的心念。

⑥执吝：指悭吝不化的念头、思想。

【古文今译】

什么叫作兴建大利呢？讲小的在一个乡中，讲大的在一个县内，凡是有益公众的事，最应该发起兴建。或是开辟水道来灌溉农田；或是建筑堤岸来预防水灾；或是修筑桥梁，使行旅交通方便；或是施送茶饭，救济饥饿口渴的人。随时遇到机会，都要劝导大家，同心协力，出钱出力来兴建；纵然有别人在暗中毁谤你，中伤你，你也不要为了避嫌疑就不去做；也不要怕辛苦，担心别人嫉妒怨恨，就推脱不做，这都是不可以的。什么叫作舍财作福呢？佛门里的万种善行，以布施为最重要。讲到布施，就只有一个舍字，什么都舍得，就合佛的意思了。真正明白道理的人，什么都肯舍；譬如自己身上的眼睛、耳朵、鼻子、舌头、身体、念头，没有一样不肯舍掉；在身外的色、声、香、味、触、法，也都可以一概舍弃。一个人所有的一切，没有一样不可以舍掉，能够如此，那就身心清净，没有烦恼，就如同佛菩萨了。若是不能什么都舍，那就先从钱财上着手布施。世间人都把穿衣吃饭看得像生命一样重要，因此，钱财上的布施也最为重要。如果我能够痛痛快快地施舍钱财，对内而言，可以破除我小气的毛病；对外而言，则可救济别人的急难。不过钱财不易看破，起初做起来，难免会有一些勉强，只要舍惯了，心中自然安逸，也就没有什么舍不得了。这最容易消除自己的贪念私心，也可以除掉自己对钱财的执着与吝啬。

国学小课堂

布施的种类

佛教将布施分为三大部分：财布施、法布施、无畏布施。修财布施得财富、修法布施得聪明智慧、修无畏布施得健康长寿。

一、财布施：分内财、外财。譬如布施你的体力，帮别人劳动就是内财布施。布施掉你的钱财去帮助别人，这就是外财布施。

二、法布施：讲经、印经并结缘给他人，记录讲经说法的光碟结缘给他人，劝人学佛等均是法布施。

三、无畏布施：就是让众生不再感到畏惧。最简单的，吃素就是无畏布施（因为我们不吃它们了，它们就不会因我们的口腹之欲而死亡），另外，放生也可算是无畏布施。

【经典原文】

何谓护持正法？法者，万世生灵之眼目也。不有正法，何以参赞①天地？何以裁成②万物？何以脱尘离缚③？何以经世④出世⑤？故凡见圣贤庙貌，经书典籍，皆当敬重而修饬⑥之。至于举扬正法，上报佛恩，尤当勉励。何谓敬重尊长？家之父兄，国之君长，与凡年高、德高、位高、识高者，皆当加意⑦奉事。在家而奉侍父母，使深爱婉容，柔声下气，习以成性，便是和气格天之本。

【说文解字】

①参赞：指人与天地自然间的参与和调节。

②裁成：亦作“财成”。筹谋而成就之。

③脱尘离缚：指脱离凡尘世俗的约束。

④经世：指治理国事，经历世事。

⑤出世：对世俗之事不关注，摆脱世俗的束缚。

⑥修饬：整治；整修。

⑦加意：注重，特别注意，特别用心。

【古文今译】

什么叫作护持正法呢？法是千万年来有灵性的有情生命的眼目，也是真理的准绳；但是法有正有邪，如果没有正法，如何能够参加帮助天地造化之功呢？怎样会使得各式各样的人以及种种的东西，都能够像裁布成衣那样成功呢？怎样可以脱出那种种的迷惑，离开那种种的束缚呢？怎样可以建设整理世上一切的事情和逃出这个污秽世界、这个生死轮回的苦海呢？这都需要靠正法，这才有了光明的大路可走。所以凡是看到圣贤的寺庙、图像、经典、遗训，都要加以敬重，至于有破损不完全的，都应该要修补、整理。而讲到佛门正法，尤其应该敬重地加以传播宣扬，使大家都重视，才可以上报佛的恩德，这些都是应该加以全力去实践的。什么叫作敬重尊长呢？家里的父亲、兄长，国家的君王、长官，以及凡是年岁高、道德高、职位高、见识高的人，都应该格外虔诚地去敬重他们。在家里侍奉父母，要有深爱父母的心与委婉和顺的容貌；而且声要和，气要平；这样不断地熏染成习惯，就变成自然的好性情，这就是和气可以感动天心的根本办法。

漫画小学堂

我再强调一下，一定要敬重尊长！
哦？可否具体？
家里的父亲、兄长，国家的君王、长官，以及凡是年岁高、道德高、职位高、见识高的人，都应该格外虔诚地去敬重他们。在家里侍奉父母，要有深爱父母的心与委婉和顺的容貌；而且声要和，气要平！
可否再具体？
在外做事，要依照国法；对人对事要有恻隐之心；怜贫惜弱……
你个顽童，我是在考教你学问，你反而来考我！
父亲，您要可怜一下小小柔弱的我啊！
怜惜你之前，我先让你知道知道什么叫作敬重尊长！

【经典原文】

出而事君，行一事，毋谓君不知而自恣[①]也；刑一人，毋谓君不知而作威[②]也。事君如天，古人格论[③]，此等处最关阴德。试看忠孝之家，子孙未有不绵远而昌盛者，切须慎之。何谓爱惜物命？凡人之所以为人者，惟此恻隐之心而已，求仁者求此，积德者积此。周礼[④]，孟春之月，牺牲[⑤]毋用牝[⑥]。孟子谓君子远庖厨，所以全吾恻隐之心也。

【说文解字】

①自恣：放纵自己，不受约束。

②作威：谓利用威权滥施刑罚。

③格论：格是模式、榜样，论是观点、道理，合起来就是“此种道理，可做一种榜样”。

④周礼：周朝时周公所订的礼仪，包括一切典章制度。

⑤牺牲：这里指古时祭祀或祭拜时用的牲畜。

⑥牝：雌性的鸟或兽，与“牡”相对。

【古文今译】

出门在外侍候君王，不论什么事，都应该依照国法去做；不可以为君王不知道，自己就可以随意乱做呀！办一个犯罪的人，不论他的罪轻或重，都要仔细审问，公平地执法；不可以为君王不知道，就可以作威作福冤枉人。服侍君王，像面对上天一样地恭敬，这是古人所订的规范，这种地方关系阴德最大。你们试看，凡是忠孝人家，他们的子孙没有不发达久远而且前途兴旺的，所以一定要小心谨慎地去做。什么叫作爱惜物命呢？要知道一个人之所以能够算是人，就是在他有着一片恻隐的心罢了。所以孟子说：没有恻隐之心就不是人。求仁的，就是求这一片恻隐之心；积德的，也是积着一片恻隐的心。有恻隐心就是仁；有恻隐心就是德。没有恻隐心，就是无仁心，没道德。《周礼》上曾说：每年正月的时候，正是畜牲最容易怀孕的时间，这时候祭品不要用母的。孟子说：君子不肯住在厨房附近，就是要保全自己的恻隐之心。

国学小课堂

为什么中国学佛的人吃素？

古时候祭祀，最大的祭典用三牲——牛、羊、猪；普通民间祭祀只用猪。春天用的“牺牲”(祭祀用)，不用母的，因为这段时间是牲畜最易怀孕的时期，若母的怀孕了，杀一个等于害两条命，不用母牲这是仁慈。佛法讲的“三净肉”即“不见杀、不闻杀、不为我杀。”因为僧人在印度当时的生活方式是行托钵的制度，人家施舍什么就吃什么，不分别、不执着，没有选择的。这是大慈大悲，一切随缘而不攀缘，人家供养什么就吃什么。直到今天，像泰国、锡兰这些信小乘的国家还是如此。

佛法传到中国时，中国是当时最先进的“礼仪之邦”，且中国人不重视乞食；当时法师是朝廷以礼请到中国来，当然不能叫他出去讨饭，所以就在宫廷里接受供养。托钵的制度在中国从来没有实行过，但是那时供养出家人还是“三净肉”。

素食是梁武帝提倡的。所以现在全世界学佛的人，不论出家、在家，只有中国佛教是素食，全世界学佛的人都没有素食的习惯。我们参加国际会议时，见到外国出家人没有吃素的。所以诸位要晓得，佛教传统是吃“三净肉”，不是素食，素食是中国人提倡的。

【经典原文】

故前辈有四不食之戒。谓闻杀不食，见杀不食，自养者不食，专为我杀者不食。学者未能断肉，且当从此戒之。渐渐增进，慈心愈长，不特杀生当戒。蠢动含灵[①]，皆为物命[②]，求丝煮茧，锄地杀虫，念衣食之由来，皆杀彼以自活。故暴殄[③]之孽，当于杀生等。至于手所误伤，足所误践者，不知其几，皆当委曲防之。古诗云：“爱鼠常留饭，怜蛾不点灯[④]。”何其仁也。善行无穷，不能殚述[⑤]；由此十事而推广之，则万德可备矣。

【说文解字】

①蠢动含灵：犹言一切众生。蠢动，泛指动物；含灵，内蕴灵性。

②物命：有生命的物类。

③暴殄：任意浪费，糟蹋。

④为鼠常留饭，怜蛾不点灯：此为苏东坡诗《次韵定慧钦长老见寄八首》后两句。意为担心家里的老鼠没有东西吃，时常为它们留一点饭菜。夜里不点灯，是为了爱惜飞蛾的生命。

⑤殚述：详尽叙述。多用于否定。

【古文今译】

所以，前辈有四种肉不吃的禁忌。譬如说，听到动物被杀的声音，不吃；或者在它被杀的时候看见，不吃；或者是自己养大的，不吃；或专门为我杀的，不吃。后辈的人，若要学习前辈的仁慈心，一下子做不到断食荤腥，也应该依照前辈的办法，禁戒少吃。如此渐渐增进，慈悲心越来越多。不仅要戒除杀生心，只要能活动含有灵气的，都是生命。为了得到丝而煮蚕茧，锄地的时候会杀死虫子，念及衣食的由来，这都是杀害物命而养活自己。所以浪费衣物，与杀生有着相同的罪过。至于随手误伤的生命，脚下误踏而死的生命，又不晓得有多少，这都应该要设法防止。宋朝的苏东坡有首诗说："爱鼠常留饭，怜蛾不点灯。"意思是说：害怕老鼠饿死，所以为老鼠留些饭；哀怜飞蛾扑到灯上烫死，所以灯也不点。这话是多么的仁厚慈悲呀！善事无穷无尽，不能说得完；只要把上边说的十件事加以推广发扬，那么无数的功德就都完备了。

第四训 谦德之效

【经典原文】

《易》曰："天道[1]亏盈而益谦，地道[2]变盈而流谦[3]，鬼神害盈[4]而福谦[5]，人道恶盈而好谦。"是故谦之一卦[6]，六爻[7]皆吉。《书》曰："满招损，谦受益。"予屡同诸公应试，每见寒士将达，必有一段谦光可掬。

【说文解字】

①天道：天理，天意。

②地道：谓为人合乎一定的道德规范。

③流谦：指极其谦抑。

④害盈：谓使骄傲自满者受祸害。

⑤福谦：使谦虚者得福。

⑥谦之一卦：即谦卦。《易经》六十四卦之第十五卦。卦体中上卦为坤为地，下卦为艮为山。表示谦虚的人像山一样，从不炫耀自己的秀丽，也从不掩饰自己的秃石和断崖。

⑦六爻：《易经》中对每卦画的卦像叫爻。六十四卦中，每卦六画，故称。

【古文今译】

《易经》谦卦上说："天道是让盈满的亏损而让谦虚的受益，地道是让盈满的改变而让谦虚的不枯竭，鬼神是让盈满的受害而让谦虚的受福，人道是厌恶盈满的而喜欢谦虚的。”所以谦卦的六爻都是吉。《尚书》上也讲：“自满就会遭到损害，自谦就会受到益处。”我多次和许多人去参加考试，每次都看到贫寒的读书人快要发达考中的时候，脸上一定有一片谦和的光彩，仿佛可以用手捧住的样子。

漫画小学堂

之前给你们讲到周易有六十四卦，其中有一卦跟其他都不一样，你们知道是什么吗？
不！知！道！
周易的每一卦都有吉有凶，只有第十五卦谦卦是“六爻皆吉”。
这么神奇吗？
那是自然，这个卦象称为“地山谦”，上面是坤卦，坤是地；下面是艮卦，艮是山。高山是在地底下，表示谦虚，所以德位愈高，愈要卑下。
先生比我们德位要高，可先生训诫我们的时候也不显得卑下啊！
你都说了是训诫，训你的时候难道还要哄着来吗！

【经典原文】

辛未[1]计偕[2]，我嘉善同袍[3]，凡十人，惟丁敬宇宾[4]，年最少，极其谦虚。予告费锦坡曰："此兄今年必第[5]。"费曰："何以见之？"予曰："惟谦受福。兄看斗人中，有恂恂款款[6]，不敢先人，如敬宇者乎？有恭敬顺承，小心谦畏，如敬宇者乎？有受侮不答，闻谤不辩，如敬宇者乎？人能如此，即天地鬼神，犹将佑之，岂有不发[7]者？"及开榜[8]，丁果中式。

【说文解字】

①辛未：指1571年。

②计偕：称举人赴京会试。

③同袍：旧时在同一军队工作的人互称。泛指朋友、同年、同僚、同学等。

④丁敬宇宾：丁敬宇，本名丁宾，字礼原，嘉善人，与袁了凡同乡。在隆庆五年中进士，官至南京工部尚书、太子太保，明史有传。

⑤第：即登第，指考中科举之意。

⑥恂恂款款：恭谨、温顺而又忠实、诚恳的样子。恂恂，恭谨温顺的样子；款款，忠实，诚恳。

⑦发：发达。

⑧开榜：即放榜。指过去科举考试结束后，对外公布张贴成绩榜。

【古文今译】

辛未年，我到京城去会试，我的同乡嘉善人一起去参加会试的，大约有十个人，只有丁敬宇这个人最年轻，而且非常谦虚。我告诉同去会试的费锦坡说："这位老兄今年一定考中。"费锦坡问我说："怎样能看出来呢？"我说："只有谦虚的人，可以承受福报。老兄你看我们十人当中，有诚实厚道，一切事情不敢抢在人前，像敬宇的吗？有恭恭敬敬一切多顺受，小心谦逊，像敬宇的吗？有受人侮辱而不回答，听到人家毁谤而不去争辩，像敬宇的吗？一个人能够做到这样，就是天地鬼神也都要保佑他，岂有不发达的道理？"等到放榜，丁敬宇果然考中了。

漫画小学堂

我觉得丁敬宇这次能中。
袁兄都开始兼职算命了？
什么话？！你看敬宇，小心谦逊，诚实厚道，就算有人侮辱也不回答，听到人家毁谤也不去争辩，有这样品德的人，他不中谁中啊？
嗯，你说的也有道理。
皇榜
丁敬宇
怎么样？我说的准吧？
袁兄高见，我等佩服！

【经典原文】

丁丑[①]在京，与冯开之[②]同处，见其虚己敛容[③]，大变其幼年之习。李霁岩[④]，直谅[⑤]益友，时面攻[⑥]其非，但见其平怀顺受，未尝有一言相报。予告之曰："福有福始[⑦]，祸有祸先。此心果谦，天必相之，兄今年决第矣。"已而果然。

【说文解字】

①丁丑：指 1577 年。

②冯开之：本名梦桢 (1548—1605)，浙江秀水人。万历五年会试状元，官至国子监祭酒，明史有传。

③虚己敛容：指为人谦虚，面容收敛和顺。

④李霁岩：嘉兴人。具体生卒年不详。

⑤直谅：正直诚信。

⑥攻：指责。

⑦始：起始，开头，根源。

【古文今译】

丁丑年在京城里，和冯开之住在一起，看见他总是虚心自谦，面容和顺，一点儿也不骄傲，大大地改变了他小时候的那种习气。他有一位正直又诚实的朋友李霁岩，时常当面指责他的错处，但却只看到他平心静气地接受朋友的责备，从来不反驳一句话。我告诉他说：“一个人有福，一定有福的根苗；有祸，也一定有祸的预兆。只要这个心能够谦虚，上天一定会帮助他，你老兄今年必定能够登第了！”后来冯开之果然考中了。

漫画小学堂

冯开之
袁了凡
冯开之，今天这件事我觉得你做的不对。
是是是，你说的对，我知道错了。
冯开之，你之前可不是这样啊，不是一说就生气的时候了？
袁兄不要嘲笑我，我已经不是小时候的性子了！
那我很想请教一下，是什么让你有这样的转变呢？
袁了凡
对于我的过失，能提出批评建议的都是朋友，你看见李兄指责咱们的邻居了吗？正所谓："有则改之，无则加勉"嘛。
冯兄成长了！我看你一定能考中！
袁兄你说的好准，我果然中了！

【经典原文】

赵裕峰[①]光远，山东冠县人，童年举于乡，久不第。其父为嘉善三尹[②]，随之任。慕钱明吾[③]，而执文见之，明吾悉[④]抹[⑤]其文，赵不惟不怒，且心服而速改焉。明年，遂登第。

壬辰岁[⑥]，予入觐[⑦]，晤[⑧]夏建所[⑨]，见其人气虚意下，谦光逼人。归而告友人曰："凡天将发斯人也，未发其福，先发其慧；此慧一发，则浮者自实，肆者自敛；建所温良若此，天启之矣。"及开榜，果中式。

【说文解字】

①赵裕峰：字光远，具体生卒年不详。

②三尹：过去一县的知县称大尹，县丞（像秘书、局长）为二尹，科长、科员之类称三尹，亦称少尹。

③钱明吾：嘉善县名士，具体生卒年不详。

④悉：全部。

⑤抹：涂抹。

⑥壬辰岁：指 1592 年。

⑦入觐：指过去的地方官员入朝觐见帝王。

⑧晤：见面，遇见。

⑨夏建所：人名，具体生卒年不详。

【古文今译】

赵裕峰，名光远，是山东省冠县人，不满二十岁的时候就中了举人，后来又考会试，却多次不中。他的父亲做嘉善县的“科长”，裕峰随同他父亲上任。裕峰非常羡慕嘉善县名士钱明吾的学问，就拿自己的文章去见他，哪晓得这位钱先生竟然拿起笔来，把他的文章都涂掉了。裕峰见了不但不发火，而且心服口服，赶紧把自己文章的缺失改了。如此虚心用功的年轻人实在是少有，到了明年，裕峰就考中了。

壬辰年我入京城去觐见皇帝，见到一位叫夏建所的读书人，看到他虚怀若谷，毫无一点骄傲的神色，而且他那谦虚的光彩就像会逼近人的样子。我回来告诉朋友说：“凡是上天要使这个人发达，在没有发他的福时，一定先发他的智慧；这种智慧一发，那就使浮躁的人自然会变得诚实，放肆的人也就自动收敛了；夏建所他温和善良到这种地步，是已发了智慧了，上天一定要发他的福了。”等到放榜的时候，建所果然考中了。

漫画小学堂

钱府
钱先生在家吗？晚辈赵裕峰请求一见。
先生，晚辈带了文章来，烦请先生看看。
哼，我看你的文章写的也不怎么样，这说的都是什么。
先生指教的是，我马上按照先生指导的去改。
虚心用功的年轻人实在少有，到了第二年，裕峰就考中了。

【经典原文】

江阴张畏岩，积学[①]工文，有声艺林[②]。甲午[③]，南京乡试，寓[④]一寺中，揭晓无名，大骂试官，以为眯目[⑤]。时有一道者[⑥]，在旁微笑。张遂移怒道者。道者曰："相公文必不佳。"张怒曰："汝不见我文，乌知不佳？"道者曰："闻作文，贵心气和平，今听公骂詈[⑦]，不平甚矣，文安得工？"张不觉屈服，因就而请教焉。

【说文解字】

①积学：谓积累学问。

②艺林：犹艺苑。旧时指文艺界或收藏汇集典籍图书的地方。这里指众多的读书人群体。

③甲午：这里指 1594 年。

④寓：住宿。

⑤眯目：小眼睛，意指眼瞎了。

⑥道者：即道士。

⑦骂詈：骂，斥骂之意。

【古文今译】

江阴有一位读书人，名叫张畏岩。他的学问积得很深，文

章做得很好，在许多读书人当中很有名声。甲午年南京乡试，他借住在一处寺院里，等到放榜，榜上没有他的名字，他不服气，大骂考官眼睛不清楚，看不出他的文章好。那时候有一个道士在旁边微笑。张畏岩马上就把怒火发在道士的身上。道士说：“你的文章一定不好。”张畏岩更加愤怒，说：“你没有看到我的文章，怎么知道我写得不好呢？”道士说：“我常听人说，做文章最要紧的是心平气和，现在听到你大骂考官，表示你的心非常不平，气也太暴了，你的文章怎么会好呢？”张畏岩听了道士的话，倒不自觉地屈服了，因此就转过来向道士请教。

漫画小学堂

张兄的文章，写的真不错啊！
快来给我瞻仰一下张兄的文章。
哎，各位过奖了，哈哈哈，过奖了。
唉，亏得我们还觉得张兄学问不错，竟然也不过如此，连平时不如他的都考中了。
是啊，你我都在榜上，张兄竟然没中！
这届考官怎么回事！眼睛不清楚吗？这么好的文章看不出来吗？
笑什么笑，看人落榜你很开心吗？
你要是这么说，确实有点。

【经典原文】

道者曰：“中全要命；命不该中，文虽工，无益也。须自己做个转变。”张曰：“既是命，如何转变？”道者曰：“造命者天，立命者我；力行善事，广积阴德，何福不可求哉？”

【古文今译】

道士说：“要考中功名，全要靠命，命里不该中，文章虽好，也没益处，仍不会考中。一定要你自己改变改变。”张畏岩问道：“既然是命，怎样去改变呢？”道士说：“造命的权，虽然在天，立命的权，还是在我；只要你肯尽力去做善事，多积阴德，什么福不可求得呢？”

漫画小学堂

我看呐，不是考官眼睛不好，而是你的文章一定不好！
你没有看到我的文章，怎么知道我写得不好呢？
我常听人说，做文章最要紧的是心平气和，你现在这么暴躁，证明你心非常不平，气也太暴了，文章又怎么会好呢？
我只是一时激动！
是吗？我不信！
还请先生教我。
嗯，这还有点读书人知错就改的样子！
先生，给我指点一下迷津吧！
要考中功名，全要靠命，命里不该中，文章虽好，也没益处，仍不会考中。一定要自己改变。

【经典原文】

张曰："我贫士，何能为？"道者曰："善事阴功，皆由心造，常存此心，功德无量。且如谦虚一节，并不费钱，你如何不自反，而骂试官乎？"

【古文今译】

张畏岩说："我是一个穷读书人，能做什么善事呢？"道士说："行善事，积阴功，都是从心做出来的，只要常常存做善事、积阴功的心，功德就无量无边了。就像谦虚这件事，又不要花钱，你为什么不自我反省，不认为自己功夫太浅，自己不能谦虚，反而骂考官不公平呢？"

漫画小学堂

茶
先生，如果我考不中是命，还能怎样去改变吗？
最初的命运是上天注定的，但是人力还是可以改变的。
还请先生教我。
除了努力读书之外，还可以多做善事，积阴功，这样的话就功德无量了。
我一个穷读书人，能做什么善事呢？
做善事都是从心出发，就像谦虚这件事，又不用你花钱，对不对？
不花钱的善事还叫善事吗？
善事是出自本心去做，跟钱没有关系！你少说几句考官都算做善事了！

【经典原文】

张由此折节[①]自持[②]，善日加修，德日加厚。丁酉[③]，梦至一高房，得试录[④]一册，中多缺行。问旁人，曰："此今科试录。"问："何多缺名？"曰："科第阴间三年一考较[⑤]，须积德无咎者，方有名。如前所缺，皆系旧该中式，因新有薄行[⑥]而去之者也。"后指一行云："汝三年来，持身颇慎，或当补此，幸[⑦]自爱。"是科果中一百五名。

【说文解字】

①折节：降低自己身份或改变平时的志趣行为。

②自持：自我克制。

③丁酉：这里指1597年。

④试录：明清时，将乡试、会试中试的举子姓名籍贯名次及其文章汇集刊刻成册，名曰试录。

⑤考较：即考查。"较"同"校"。

⑥薄行：轻薄的行为。说明品行不端。

⑦幸：希望。

【古文今译】

张畏岩听了道士的话，从此以后就压低一向骄傲的志向，自己很留意把持住自己，勿走错了路，天天加功夫去修善，天

天加功夫去积德。到了丁酉年，有一天，他做梦到一处很高的房屋里去，看到一本考试录取的名册，中间有许多的缺行。他看不懂，就问旁边的人这是什么？那个人说：“这是今年考试录取的名册。”而张畏岩问：“为什么名册内有这么多的缺行？”那个人又回答说：“阴间对那些考试的人，每三年考查一次，一定要积德，没有过失，这册里才会有名字。像名册前面的缺额，都是从前本该考中但是因为他们最近犯了有罪过的事情，才把名字去掉的。”后来那个人又指了一行说：“你三年来，很留心地把持住自己，没犯罪过，或者是应该补上这个空缺了，希望你珍重自爱，勿犯过失！”果然张畏岩就在这次的会考考中了第一百零五名。

漫画小学堂

听说了吗，有个姓张的书生，能帮忙读信呢？
真的啊？那可太好了，我刚收到一封信，这就找他帮忙。
录取名册
这上面怎么有很多空白的地方？
那些是本来可以考中，但是做了缺德事，所以名字就取消了。
我都不敢看，有没有我！
你最近做了很多好事啊，应该能补上其中一个空缺了！
榜
啊，我终于考上了！

【经典原文】

由此观之，举头三尺，决有神明；趋吉避凶，断然由我。须使我存心制行，毫不得罪于天地鬼神，而虚心屈己，使天地鬼神，时时怜我，方有受福之基。彼气盈者，必非远器，纵发亦无受用。稍有识见之士，必不忍自狭[①]其量，而自拒其福也。况谦则受教有地，而取善无穷。尤修业者，所必不可少者也。

【说文解字】

①狭：使狭窄，引申为控制、约束。

【古文今译】

从上面所讲的看来，举头三尺高，一定有神明在监察着人的行为。因此，利人、吉祥的事情，都应该赶快地去做；凶险、损人的事，应该避免，不要去做。这是可以由我自己决定的，只要我存好心，约束一切不善的行为，丝毫不得罪天地鬼神，而且还要虚心，自己肯迁就，不骄傲，使得天地鬼神时时哀怜我，才可以有福的根基。那些满怀傲气的人，一定不是远大的器量，就算能发达，也不会长久地享受福报。稍有见识的人，一定不肯把自己的肚量弄得很狭窄，而使自己得不到可以得到的福。况且谦虚的人，他还有地方可以受到教导，若人不谦虚，谁肯去教他？并且谦虚的人，肯学别人的长处，别人有善的行动，他就去学，那么得到的善行就没有穷尽了。尤其对进德修业的人，一定不可缺少的啊！

漫画小学堂

想要有长久的福报，就一定要约束一切不善的行为。
先生，什么样算不善的行为啊？
利人、吉祥的事可以做；凶险、损人的事，不要去做。
我们都是好学生啊，不做这些坏事的。
就是，就是，平日里我们也没有什么不好的事情要做啊！
不光如此，还要虚心，自己肯迁就，不骄傲，还要有容人之量！
容人？是不是谁做的不对，我也要宽恕他？
是你们要谦虚，肯学别人的长处，不要从字面意思瞎猜啊！

【经典原文】

古语云："有志于功名者，必得功名；有志于富贵者，必得富贵。"人之有志，如树之有根，立定此志，须念念[①]谦虚，尘尘[②]方便，自然感动天地，而造福由我。今之求登科第者，初未尝有真志，不过一时意兴耳；兴列则求，兴阑[③]则止。孟子曰："王之好乐甚，齐其庶几乎[④]？"予于科名亦然。

【说文解字】

①念念：即所有的念头。

②尘尘：所有像尘埃一样的小事。

③阑：尽，晚，完了之意。

④王之好乐甚，齐其庶几乎：出自《孟子·梁惠王篇》。意为："大王如果非常喜欢音乐，那齐国也就差不多(治理好)了。"庶几，差不多，近似。

【古文今译】

古人有几句老话说："有心要求功名的，一定可以得到功名；有心要求富贵的，一定可以得到富贵。"一个人有远大的志向，就像树有根一样；树有根，就会生出丫枝花叶来。人要立定了这种伟大的志向，必须在每一个念头上都要谦虚，即使碰到像灰尘一样极小的事情，也要使别人方便。能够做到这样，自然会感动天地了，而造福全在我自己。如今那些求取功名的人，开始哪有什么真心的志向，不过是一时的兴致罢了。兴致来了就去求，兴致退了就停止。孟子说："如果大王喜好音乐到了极点，那么齐国也就差不多可以治理好了。"我认为求科名也是如此。

漫画小学堂

人，只要有自己的志向，就一定能实现。
人之有志
先生，这话说得绝对了吧？
这有什么绝对的？有志向就朝着志向努力，一定会实现！
先生说得对，从今天开始，我要把只求一个人的快乐，改成与民同乐的快乐！
同学，这一个人的乐，容易达到，与民同乐，很难吧？
难？难道因为难就不做了吗？正是因为难，才更应该迎难而上。
听见没有，只要有志向，不管难不难都要去做！
可是，我的志向也不是与人同乐啊？我只想早点放学。
你这不叫志向，你这只是饿了！